"十四五"普通高等教育本科部委级规划教材

·纺织工程一流本科专业建设教材·

纺织品 CAD 应用实践
（第 2 版）

柯 薇　邓中民　祝双武　主 编

马晓红　陆春红　李雅芳　副主编

中国纺织出版社有限公司

内 容 提 要

本书综合介绍了纺织品 CAD 的基本知识、纺织品 CAD 的程序设计方法。系统地阐述了机织物简单组织 CAD 系统、机织小花纹 CAD 系统、机织纹织 CAD 系统、针织物纬编 CAD 系统、针织物经编 CAD 系统、电脑横机羊毛衫及成形针织服装 CAD 系统等各类纺织品 CAD 系统的工作原理、设计方法、软件功能和操作应用技能。同时本书在每章节的相应位置配有操作视频，读者可通过扫描二维码观看学习，方便快捷。

本书可作为纺织类高等院校、纺织高等职业技术学院相应课程的教材，也可作为从事纺织产品开发的工程技术人员、科研工作者的参考用书。

图书在版编目（CIP）数据

纺织品 CAD 应用实践／柯薇，邓中民，祝双武主编
. --2 版 . --北京：中国纺织出版社有限公司，2021. 10（2024. 8 重印）
"十四五"普通高等教育本科部委级规划教材　纺织工程一流本科专业建设教材

ISBN 978-7-5180-8862-1

Ⅰ . ①纺… Ⅱ . ①柯… ②邓… ③祝… Ⅲ . ①纺织品—计算机辅助设计—高等学校—教材　Ⅳ . ①TS106-39

中国版本图书馆 CIP 数据核字（2021）第 184924 号

责任编辑：沈　靖　孔会云　责任校对：江思飞
责任印制：何　建

中国纺织出版社有限公司出版发行
地址：北京市朝阳区百子湾东里 A407 号楼　邮政编码：100124
销售电话：010—67004422　传真：010—87155801
http：//www.c-textilep.com
中国纺织出版社天猫旗舰店
官方微博 http：//weibo.com/2119887771
北京虎彩文化传播有限公司印刷　各地新华书店经销
2024 年 8 月第 2 版第 2 次印刷
开本：787×1092　1/16　印张：10.75
字数：202 千字　定价：68.00 元

一、教材定位

目前，CAD/CAM技术已成为衡量一个国家工业水平的重要标志，被认为是改造传统生产体系的必由之路。几乎任何一个过程都可以采用CAD技术。CAD技术是将传统过程数字化，由计算机处理，再按工艺要求的格式输出处理结果去控制某个生产过程。应用这一技术，工程技术人员只需通过人机交互方式进行必要的干预，即可使设计、制造和管理处于最佳状态。不仅能摆脱单调的体力劳动，而且也可摆脱手工方式的脑力劳动，为人们进入更高层次的创造性劳动提供良好的环境，使产品的开发对于社会的快速响应成为现实。

近十年来，CAD技术在纺织业中的应用发展十分迅速。在CAD系统以及开发应用软件方面取得了一些成果，其中有些系统已经商品化，技术水平已在逐步接近国外同类产品的水平，先后在纺织、针织、印染、服装以及纺织机械等行业中获得应用。然而由于技术及经济发展不平衡等种种原因，致使产业化应用的广度和深度还很不够，其根本原因是软件开发和使用人员对纺织工艺生产基础知识不熟悉。为促进我国纺织CAD技术的快速高效发展，我们需培养学生掌握纺织品CAD系统的开发、应用与实践的能力。

本书可作为纺织类高等院校、纺织高等职业技术学院相应课程的教材，用以拓展专业知识，也可作为从事纺织产品开发的工程技术人员、科研工作者的参考用书，受众多，服务面广。

二、教材结构安排

本教材可作为"纺织品CAD""纺织品面料开发""纺织产品设计"等多门课程的教学及配套用书，本书共七章，第一章为纺织品的CAD基础知识及程序设计方法，第二章至第四章为机织系列CAD系统，第五章至第七章为针织系列CAD系统。建议64课时，其中理论32课时，实践32课时，每课时讲授字数建议控制在4000字以内，教学内容包括本书全部内容，建议学时分配：第一章6学时，第二章8学时，第三章10学时，第四章10学时，第五章8学时，第六章12学时，第七章10学时。

三、教材特色

(1) 落实课程思政教学。教材在纺织品CAD基础中会提到我国纺织品CAD技术现状，以及与国外CAD技术的差距，并指导学生如何提升我国纺织品CAD

技术水平，激发学生的民族荣誉感和学习热情，提升学习效率，有效落实国家课程思政要求，并以丰富的形式开展课程思政教学。

（2）科研成果反哺教学。教材以编者多年从事纺织品 CAD 理论研究与系统开发所积淀的科研成果为依托，教材中所阐述的系列 CAD 系统除第七章成形针织服装 CAD 系统外，其余均为主编团队自主研发而得，拥有独立版权。且这些系统目前已较成熟并成功产业化，广泛应用于国内外各类纺织企业及高等院校，获得较好的经济和社会效益。该教材实用性强，重在使纺织类学生学会纺织产品 CAD 理论、应用及操作实践。

（3）知识结构再优化。本教材是在 2008 年出版的《纺织品 CAD 应用实践》基础上的再次修订，在原有基础上，简化并合并了常规型机织物简单组织与复杂组织这一章节，增加了应用较广泛的机织小花纹 CAD 系统，且在第七章原有的羊毛衫 CAD 系统上增加了最新的成形针织服装 CAD 系统，使得本教材在知识体系与结构内容上能与时俱进，适应市场需求。其次增加了理论深度，在每一章节不同的 CAD 系统阐述中加入了各类 CAD 系统开发的原理及模型构建，使得通过学习本教材，读者能对机织物和针织物组织结构及变化规律有较深入的了解，对纺织、针织花色组织的形成原理和设计方法有比较系统的掌握和运用。

（4）内容展示直观化。本教材运用现代化工具，在每章节的相应位置配有该部分 CAD 系统的操作小视频，学生可通过扫描二维码观看操作视频，直观快捷，同时教师可结合专业特点，采用多媒体教学手段，培养学生现代化纺织产品设计能力，使学生能够利用计算机快速优质地设计出多品种的纺织品来适应市场快速的变化需求。它是老师教学的好帮手，是学生消化、巩固教学内容的好助手。

四、致谢

全书由柯薇、邓中民、祝双武担任主编，马晓红、陆春红、李雅芳担任副主编。具体参加编写人员及其编写内容如下：第一章由武汉纺织大学柯薇、邓中民编写；第二章由河北科技大学马晓红，武汉纺织大学陶丹编写；第三章由西安工程大学祝双武、黎云玉编写；第四章由东华大学陆春红、刘燕萍编写；第五章由武汉纺织大学潘鄂菁、柯薇，广东职业技术学院陶培培编写；第六章由武汉纺织大学柯薇，河北科技大学张威，广东职业技术学院陈小莉编写；第七章由天津工业大学李雅芳，浙江理工大学金子敏、嗡鸣编写。全书由武汉纺织大学柯薇统稿。本书在修订过程中得到研究生吴越同学的大力协助，在此一并感谢。

由于作者水平有限，书中不妥之处在所难免，恳请读者不吝指正，以便修订时更正。

编者

2021 年 8 月

　　本书以多年从事纺织品 CAD 理论研究与系统开发所积淀的科研成果为依托，汲取国内外该领域应用研究之精华，实用性强，重在使纺织类学生学会纺织产品 CAD 理论及应用与操作实践。通过学习，使读者对机织物和针织物组织结构及变化规律有较深入的了解；对纺织、针织花色组织的形成原理和设计方法有比较系统的掌握和运用，便于快速适应纺织行业企业和研究机构计算机产品设计需求。

　　"纺织品 CAD 系列软件"教学版是结合最新科技成果开发的适用于纺织品 CAD 教学的辅助软件，在讲授"纺织产品设计""机织工艺学""针织学"等课程时，能加深学生对所学专业知识的理解，调动学习积极性，提高教学质量。本教材配有光盘，教师可结合专业特点，采用多媒体教学手段，培养学生具有现代化纺织产品设计能力，使学生能够利用计算机快速优质地设计出多品种的纺织品来适应市场的快速变化需求。它是老师教学的好帮手，学生消化、巩固教学内容的好助手。

　　本书可作为纺织类高职高专、中专教学用书，也可供机织、针织行业工程技术人员、科研工作者和工人阅读，还可作为纺织培训班或技工学校教材。

　　本书由武汉科技学院邓中民教授主编，武汉科技学院潘鄂菁、武汉职业技术学院孙俊、广东纺织职业技术学院沈细周为副主编。参加编写的人员及其编写内容如下：第1章由武汉科技学院黄翠蓉、邓中民编写；第2章由安徽职业技术学院倪中秀、广东纺织职业技术学院沈细周编写；第3章由常州纺织服装职业技术学院贺仰东、广西纺织工业学校李红梅编写；第4章由武汉职业技术学院孙俊、武汉科技学院邓中民编写；第5章由武汉科技学院潘鄂菁、浙江纺织服装职业技术学院蔡中庶编写；第6章由武汉科技学院邓中民、潘鄂菁编写；第7章由浙江理工大学方圆、武汉科技学院邓中民、潘鄂菁编写。全书第1~2章由沈细周统稿，第3~4章由孙俊统稿，第5~7章由潘鄂菁统稿。全书由邓中民统编。

　　由于工作水平有限，书中不妥乃至错误之处在所难免，恳请读者直接向编者不吝指出，以便修订时更正。

编者

2007 年 8 月

第一章　纺织品 CAD 基础

本章知识点

1. 纺织品CAD开发环境。
2. 纺织品CAD组成。
3. 纺织品CAD程序设计。

第一节　纺织品 CAD 概述

一、概述

有关纺织品计算机辅助设计（以下简称 CAD）的研究开始于 20 世纪 70 年代末期，美国 IBM 公司首先研制成功了纹织工艺自动化系统，使提花织物生产过程中的花型设计从原来的手工方式设计、画图、冲版变为采用交互式的屏幕作图和自动冲版，实现了纹织工艺自动化，使自动化设计在纺织行业的应用成为现实。经过 20 多年的发展，纺织品 CAD 已经渐趋成熟。纺织品 CAD 作为现代化高科技设计工具，因其简易的操作和对市场的快速反应能力而被纺织、服装、印染企业普遍使用。越来越多的厂家开始认识到它的价值，并逐渐用纺织品 CAD 代替传统的手工设计，从而大幅提高了设计效率，缩短了设计周期，适应了目前纺织厂多品种、中小批量生产的要求，成为加速新产品开发，增强市场竞争力的有效手段。

与纺织品设计和生产有关的纺织品 CAD 涉及机织物、针织物、印染、服装以及刺绣等许多领域。

（一）机织物 CAD

目前国内应用较多的系统主要有 NedGraphics 公司开发的机织物CAD/CAM系统，既可用于大提花，也可用于小提花织物的设计；Info Design 公司开发的机织物、印花计算机辅助设计与计算机辅助制造（以下简称 CAD/CAM）系统提供了与多种织机相连的接口程序，可以直接用于织造；苏格兰纺织学院开发的 Scotweave 系统也同时提供了小提花设计和大提花设计的功能。另外，国内比较常见的系统还有美国的 PGM 系统与 GGT 系统、法国的 LECTRA 系统、韩国的 YOUNG WOO 系统、德国的 EAT 系统等，这些系统一般都应用于小提花织物的设计中。用于大提花设计的系统常见的有美国 JacqCAD MASTER 系统、比利时的 Sophis 系统以及日本的 TLS 系统等。除此之外，纺织品 CAD 还有 SKY、Stork、CIS、Jac 系列 Easytex 等，这些系统在国内的应用较少。

我国的纺织品 CAD 研究起步较晚，20 世纪 80 年代初，一些高校和科研机构陆续开展了机织物 CAD 的研究。随后不断扩大，并且推出了一系列可以用于指导工厂实际生产的 CAD 系统，比如，用于小提花设计的 CAD 系统有中国纺织科学院开发机织物仿真软件、浙江理工大学开发的 IIS 织物 CAD 系统和杭州宏华电脑技术有限公司开发的 GGS 系统等；用于大提花设计的 CAD 系统有淄博宝铃纺织机电技术公司开发的宝铃系统、浙江大学光学仪器厂开发的 JWPCCS 系统和香港天虹电脑机械公司开发的 RB2LU 系列等。另外，香港富怡电脑系统公司开发的 Prima 系统和 Richpeace 系统，既可用于小提花的设计，也可用于大提花的设计。

目前国内外的机织物 CAD 远不止这些，但所有的机织物 CAD 都是基于机织物的设计过程来研究开发的。因而，各种 CAD 系统可能在某些特性上各有特色，但其基本组成和基本功能是相同的。

随着机织物 CAD 技术的不断成熟，目前的许多 CAD 系统在织物模拟功能上做了大量改进，主要表现在以下几个方面。

（1）机织物 CAD 不仅可以模拟简单的织物，经判断后也可以模拟一些复杂的织物。一些系统可以模拟由各种花式纱线织造的织物的表面效果；有的系统还可以模拟簇绒织物、毛巾织物的外观；采用纱线颜色变化技术，一些系统也能模拟出经纬纱同色织物的交织状态；有的系统还可以模拟表面有凹凸（如蜂巢状等）的织物。大多数系统可以模拟表面采用多种方法处理的织物外观，如织物经过起毛、起绒、起皱等整理后效果，尽量表现出织物的手感和纹理质地效果。

（2）国外 CAD 系统大多可以实现立体贴图的功能。所谓立体贴图是指将所选图案的织物贴在空间任意形状三维物体上，观看其效果。一些 CAD 系统还可以模拟织物的悬垂性能。这两项技术已经被广泛用于服装 CAD 的自动试衣系统和房间装修软件系统中，织物可以被贴在设计者指定的人体模型或者沙发、墙壁、桌子上，展示纺织面料的最终使用效果。

（3）有些 CAD 系统提供了设计密度变化织物的功能，筘齿穿入数可以变化，甚至可以空筘，这样就可以设计由于密度变化而产生疏密条子的织物。

目前，许多 CAD 系统都集成了工艺计算模块，即根据设计的组织和规格自动生成上机工艺，包括用纱量、总经根数、平方米重量、重量偏差、筘号、每筘穿入数等，可以直接打印工艺单，指导上机生产。有的 CAD 系统甚至不仅仅局限于工艺计算，还是一个工厂的管理系统，包括布机监控系统、质量管理系统、物料管理系统、成本管理和财务管理系统等。相当多的 CAD 系统设计的产品之间的信息可以交换，一些系统支持企业内部网络。

随着计算机软件、硬件的发展，以及 CAD 技术研究的不断深入，纺织品 CAD 的功能必将愈加强化，将以其方便、直观、节约等优势最终取代传统的设计工作。

随着计算机技术的不断发展，机织物 CAD 的界面将变得更加友好，使用更加方便。织物模拟范围将不断扩大，图像仿真程度更高。各种花式纱线和新型纱线的仿真模拟将进一步拓宽织物的设计范畴。三维图像将成功地模拟织物的质感（如蓬松感）以及纺织品的基本结构。色彩模拟逼真，并可实现显示屏、打印纸及最终纺织品之间颜色的一致，在订货过程中可以用打印的样品代替传统的纺织品布样。随着机织物 CAD 系统的发展，借助于最终产品模拟和成本计算模型，可使设计人员在开发产品的过程中兼顾费用和使用效果，能及时调整，减少设计的盲目性。最终产品模型即是纺织品最终应用效果的模拟，如显示织物的穿着或装饰效果。使用成本计算模型可使设计者立即看到原材料、机器设定和整理等各种方案的费用，这也是为客户提供即时信息的最重要工具。由此可见，随着机织物 CAD 功能的逐渐增强，设计人员的自由度也在不断扩大。

纺织品的计算机集成生产（CIM）是纺织品 CAD/CAM 技术的发展方向，纺织品 CIM 被认为是未来纺织厂的模式。现阶段一些 CAD 系统已经能够提供与纺织机械的接口，使纺织品 CAD 中的设计结果直接用于控制生产，比如电子提花。随着 CAD 技术的不断成熟，这种设计、生产集成化的程度将日益增高。同时纺织品 CAD 还逐渐扩展到市场分析、经营决策、销售和售后服务领域，包括纺织生产和库存管理、财务资源管理等全部运营活动。

（二）针织物 CAD

针织物 CAD 的研究起源于 20 世纪 60 年代，由美国 IBM 公司研制。20 世纪 80 年代，CAD 软件开始真正运用于各个企业。经过 60 多年发展，针织物 CAD 技术已逐步成熟，成为辅助针织物设计和生产必不可少的工具。目前，国内外推出的针织物 CAD 系统都是根据其成型方式分为纬编和经编两种，纬编 CAD 包括纬编大圆机 CAD 设计系统和横机 CAD 设计系统。经编 CAD 包括少梳 CAD 系统和多梳贾卡 CAD 系统。

1. 纬编 CAD 设计系统 国外机械制造、电子化程度一直处于世界前列，较为成熟的纬编 CAD 系统大多是与其针织设备配套的软件系统，主要用于某一种型号或某一系列的针织设备，如德国迈耶西公司、日本福原公司、意大利圣东尼公司等，这些公司开发的 CAD 系统专供其生产的针织设备使用。德国迈耶西公司开发的纬编 CAD 系统与其公司纬编圆机设备配套使用，目前市面上应用较多的是 PIC 系统和 MDSI 系统。PIC 系统是迈耶西电脑提花圆机应用较多的 CAD 系统，分为花型编辑器、色彩排列编辑器以及工艺卡编辑器三个子系统。PIC 系统中花型编辑器用于设计织物花型，可通过绘图工具绘制基本的花型，也可直接导入已绘制好的 bmp 格式的花型图片，还可对有组织结构变化的花型进行组织铺设；色彩排列编辑器主要针对调线织物，对其色彩、调线手指等进行设置排列；工艺卡编辑器主要对路数、色彩数、循环数等标准工艺参数以及减少色彩、色彩分配等花型参数进行设置。MDSI 系统是迈耶西较新的基于 OVJA 系列电脑提花圆机的 CAD 软件。MDSI 系统具有花型绘制、组织铺设、工艺检测等功能，能够实现针筒和针盘花型设计功能。与 PIC 系统相比，该系统将多个软件统一到一个软件中，操作更为简单便捷，但该软件应用时速度很慢，将上机文件导入机器中需 1min 左右，而且该软件缺少织物仿真和虚拟展示功能。

福原公司的 CAD 系统主要包括花型编辑器（pattern edit）、多色提花编辑器（multi color

jacquard)、工艺参数编辑器（parameter & striper）、WAC 格式转换器等几个软件。Pattern edit 用于设计织物的花型，设计过程中可直接在新建的花型中绘制，也可直接打开已保存为 bmp 格式的图片，再进行处理。该软件操作界面直观，但步骤较为烦琐。Parameter & striper 用于对织物的上机工艺进行设置，主要包括路数、颜色、纱嘴等参数设置。

WAC Designer 软件在国外众多纬编 CAD 软件系统中应用较为广泛，是与日本 WAC 电脑提花选针系统相配套的花型设计软件，由于其软件格式与机器设备兼容性好，在国内提花圆机市场中应用极其广泛。该软件界面操作简单，但是功能较少，处理复杂的花型图案较为烦琐。

意大利圣东尼公司开发的 CAD 系统是目前市面上较为成熟的制版系统。圣东尼 CAD 系统包括花型组织绘制软件与上机工艺设计软件两个子系统，不同的机型上机工艺设计软件有所不同。花型组织绘制软件目前较为常见的为 photon 软件，可以用该软件中的绘图工具绘制花型，也可导入已有的 bmp 格式图片，并对花型进行针法铺设。上机工艺设计软件包括 QUASARS 软件、针对圣东尼 SM-DJ2T（S）机型专门开发的 pulsar 软件等。该类软件主要用于设置机器动作，对织物的密度、纱嘴、机速等一系列参数进行设置。

国内纬编 CAD 系统较国外系统起步晚，且不够成熟，多以仿国外系统功能为主。目前国内致力于开发纬编 CAD 系统的公司较少，主要的研究来源于一些纺织高校。

国内纺织高校对于纬编 CAD 系统的开发研究包括：浙江大学朱艳研究团队从花型准备、编织信息等几个方面着手，开发了针织圆机计算机辅助花样制作原型系统；武汉纺织大学邓中民研究团队开发了插片系列、滚筒系列、摆片系列、提花轮系列和多针道系列共五大系列纬编产品花型设计 CAD，其具有统一相似的操作界面，并且可以根据针织企业设备情况定制设计；电子科技大学胡孝树研究团队以 Visual Basie 6.0 和 MS-Access 2003 为开发工具，开发了拨片式圆形纬编机、提花轮纬编提花圆机、滚筒式提花和圆齿片提花圆形纬编机的上机工艺设计和纬编针织物效应模拟软件；江南大学自主研发了纬编 CKCAD 2.0 系统，该系统适用于多针道、机械式电脑提花和无缝内衣等各类圆纬机产品开发，CKCAD 2.0 系统具有较好的人机界面，操作方便快捷，且具有较好的织物仿真功能，具有较好的虚拟展示效果，使织物能够更直观形象地展示在用户面前，系统具有较好的兼容性，能够适应国内外各类提花圆机、机械圆机的花型与工艺设计。

国内独立开发纬编 CAD 系统的相关企业很少，多与开发控制系统的企业合作并采用其开发的 CAD 系统，如国内的金天梭纬编机械制造公司，其采用恒强公司开发的控制系统并配套使用恒强公司开发的 HqPDS 制版系统来实现机械动作的设置。

纵观国内外纬编 CAD 系统的发展现状，因国外 CAD 技术较为成熟，功能较为完善。但是目前软件在织物仿真、虚拟展示等方面没有涉及，而且软件的兼容性较差，基本上各公司的软件只配套该公司生产的机型；国内纬编 CAD 系统开发研究较少，仅有部分纺织类高校有所研究，但是都没有推向市场。

2. 经编 CAD 设计系统　国外最典型的经编 CAD 软件是由德国 TEXION 公司开发的 Procad 系统，该系统适用于多梳贾卡织物、双针床织物、少梳织物的花型设计与仿真；德国

EAT 公司开发了图案和款式设计软件 Design Scope 系统；西班牙 CADT 公司开发了花边织物设计软件 Lace Drafting Software SAPO；日本武村研发了提花设计系统。国内 CAD 软件目前应用较多的有江南大学开发的 WKCAD 系统、武汉纺织大学开发的 HZCAD 系统。国外拥有领先的图形学技术，对经编 CAD 研究水平较高，与国内相比，最突出的优势是织物仿真，仿真效果逼真、速度快，可实现二维以及三维的动态仿真。

德国 TEXION 公司研发的 Procad 花型设计系统分为 Procad Developer、Procad Warpknit 两部分，该系统功能全面、性能一流，在市场上占有较大份额。Procad Developer 软件除设计功能外还包括 Procad Simujac 和 Procad Simulace 模块，这两个模块用于多梳织物及多梳贾卡织物的仿真；Procad Warpknit 由 Procad Velours、Procad Warpknit 3D 这些子模块组成，Warpknit 适用于少梳、双针床绒类织物及间隔织物的设计与开发，并可进行二维仿真与三维仿真。在三维仿真中纱线可实现股线效果，仿真效果较逼真，操作方便。

Scope 是 EAT 公司开发的针对花型图案设计的系统，其针对纺织品提花图案的特点，开发了很多方便易用的设计工具。Procad 和 Scope 的设计能力覆盖了 Karl Mayer 公司所有的经编机型，在国内应用较为广泛。

西班牙 CADT 公司开发的 SAPO 系统是一款花边设计与仿真系统，能用于各类花边工艺的设计，仿真效果出色；日本武村开发的花边设计系统与 SAPO 功能相似，也主要应用于花边和贾卡提花织物的设计与仿真。此外，韩国、印度、土耳其等国家也开发了经编 CAD 系统，但没有在我国推广使用。

国内关于经编 CAD 的研究晚于国外，初期以学习国外 CAD 的先进功能为主，目前在产品设计和仿真方面取得了一定成绩，并针对国内设计需求自主研发了一些实用性较强的功能。国内关于经编 CAD 的研发主要集中在一些高校。

现有的一些 CAD 系统已部分智能化，例如，自动分色、自动转换意匠图、自动分析生产工艺等。随着计算机人工智能化的发展，纺织品 CAD 将能模拟人脑推理、分析能力，实现综合判断，提出最优的设计和工艺方案。

纺织厂通过计算机网络将生产过程中涉及的各个系统连接在一起，实现数据的采集、交换和共享，减少了数据的重复输入和输出，大幅提高整个系统从订单、原料、设计、工艺到生产、供货全过程的效率，并提高产品质量，降低成本。纺织厂 CAD/ CAM 的网络化为 CIM 的实现创造了条件。同时，全球性网络化的形成使设计人员从根本上改变封闭的状况，纺织品设计人员、生产人员、销售人员以及最终的用户能通过 CAD 系统对纺织品的设计进行商讨，制订最佳方案，并且可以通过国际互联网采集最新信息，借鉴新技术，进行同行间的交流。

二、纺织品 CAD 开发环境

1. 硬件环境 由 16 位 586 以上计算机，高分辨彩色显示器（1024×768 以上），鼠标、键盘及彩色打印机组成。

（1）主机 Intel 80586-27Hz 以上，40×CDROM 光驱一个，显示器 0.28 逐行显示。

（2）打印机型号：惠普 XL-300 型/EPSON Stylus COLOR 彩色喷墨打印机。

2. 软件运行及调试环境　软件编程采用国际最流行的面向对象程序设计语言 Visual C++ 语言编程，由于采用 C++ 的（OOPL）的封装使该系统具有很高的可靠性和透明度，便于功能扩充、移植和软件维护。由于该系统具有类继承的特点，可悬挂在 WINDOWS 平台，便于继承 WINDOWS 的资源信息。

第二节　纺织品 CAD 系统组成

纺织品 CAD 系统可以根据使用范围分为机织物、印花制版、绣花、针织物等 CAD 系统，这些针对性强的专业 CAD 都作为专用软件安装于计算机上。

一、机织物小提花 CAD

机织物小提花 CAD 一般是指用于色织厂、衬衫布厂、毛纺织厂等织造厂在普通织机和多臂织机上生产的小花纹或色织织物的计算机辅助设计。

在机织物小提花 CAD 中，设计人员只要在计算机上输入织物组织、纱线排列和纱线种类后，计算机能自动生成织物模拟图像。设计人员可以方便地改变织物组织、纱线排列，通过对织物模拟图上各种色彩的经纬纱线进行调色配色，在织物上机织造之前就能看到实际织造的结果，以达到辅助设计的目的，在很大程度上取代织物小样机的手工打样。

机织物 CAD 的主要功能有：

（1）可进行平纹、斜纹、缎纹这类简单组织，蜂巢组织、条格组织、透孔组织、凸条组织、网目组织等联合组织，二重组织、管状组织、双幅组织、表里接结组织、联合接结组织和表里换层组织等复杂组织的设计。

（2）可对织物的上机图、纹板图和穿综图进行设计。

（3）对纱线的粗细、色泽、捻向、捻度等进行设计及修改。

（4）根据组织与色纱配合的关系，可对织物外观进行计算机模拟并打印输出。

二、机织物纹织 CAD（大提花 CAD）

纹织 CAD 是用于大提花织物设计的专用软件，它利用计算机强大的计算功能和高效率的图形处理功能，改造传统的纹织工艺，实现纹织工艺自动化，主要用于床单、领带、提花织物等设计。

纹织 CAD 的主要功能有：

（1）对纹样可进行一次或多块扫描后再进行图案拼接。当确定纹样色数、经纬密度、纹针数等织物规格数据，就可显示意匠图效果。

（2）对组织图或图案可以进行任意裁剪、旋转、组合、接回头等图案编辑及纹样设计处理。

（3）意匠设计：进行勾边、间丝设计、辅助组织处理等。

（4）根据意匠图、纹板样建库，自动进行纹针和辅助针处理。

（5）按照纹版处理信息，用计算机控制自动轧纹板或直接控制经纱运动。

三、印花制版 CAD

印花制版 CAD 是利用计算机对织物印花图案进行设计或制作黑白稿，可代替传统的手工画稿、扫描、连晒、感光制版等。

印花制版 CAD 的主要功能有：

（1）可以利用画图编辑功能直接进行图案设计，可以将来样扫描输入，进行拼接、接回头等工艺处理。

（2）对印花图案进行拼色处理及修改处理，提高图像质量。

（3）根据不同要求可自动分色或手工分色。将图案花样每套颜色保存为单色稿或黑白稿，可制作胶片、制网，供圆网、平网、滚筒印花机印花。

四、绣花 CAD

对绣花花样计算机编辑，并将设计的花样格式转换为绣花机的针法，生成绣花机能够识别的纸带或磁碟，用于单头、多头电脑绣花机生产。

绣花 CAD 的主要功能有：

（1）具有多种花版输入功能，系统提供拉布补偿功能。

（2）系统可进行自动、手动、单针、圆弧针、插针及多种特殊针法设计。

（3）对花版可进行任意的移动、旋转、放缩、拷贝等处理。

（4）花版检查功能提供了实际刺绣所需的所有参数，设计的花版可直接输到绣花机，也可经纸带穿孔机轧孔或输出磁盘。

五、针织物纬编 CAD

针织物纬编 CAD 将针织线圈抽象成一个个方格，用规定的符号画在格内，以示织物线圈组织规律，然后在计算机屏幕上进行花型设计，经软件处理，转换为电脑提花针织机通用的数据格式进行生产。

针织物纬编 CAD 的主要功能有：

（1）可进行花型输入及修改。

（2）具有点、线、多边形等画图及缩放、拷贝、旋转等变换功能。

（3）可进行花型的配色、花纹图案四方连续的对位、织物模拟显示。

（4）可进行数据转换生成上机工艺单、双面织物的反面设计。

六、羊毛衫 CAD

可以计算出羊毛衫、羊绒衫等产品生产工艺数据，输出工艺图和工艺单用于针织横机生产。

羊毛衫 CAD 的主要功能有：

（1）毛衫款式设计。

（2）毛衫花型或美术图形设计。

（3）毛衫衣片编织二维效果模拟。

（4）工艺单计算。

七、针织物经编 CAD

针织物经编 CAD 包括多梳织物设计和贾卡织物设计。多梳经编织物的设计过程是：设计人员首先画出花纹小样，然后通过扫描仪把花纹图案转移到计算机中，通过打版系统进行梳栉分配及原料选择，然后自动确定各把梳栉的垫纱运动，从而可以确定各把梳栉的花型数据。

贾卡经编织物的设计过程是：设计人员首先画出织物花纹轮廓，然后将其导入 CAD 系统中，将其转换成贾卡组织单元图。在系统中对工艺参数进行设计，并对针法进行设计，在不同的贾卡组织单元中填充组织，通过组织结构形成不同层次的花型效果。

利用打版系统不仅可以进行花纹设计，而且能够进行织物效应仿真。并把这些仿真数据转换为机器能接收的信息，来直接对经编机进行控制。

针织物经编 CAD 的主要功能有：

（1）智能画图功能，十种地组织设计。

（2）梳栉复制，轨迹逼近，包边纱。

（3）对衬纬/压纱的花型自动排列、分析梳栉集聚。

（4）链块统计图、纱线层次图、排针图。

（5）打印花链工艺，并可成本核算。

（6）来样仿真设计，对来样图可自动生成梳栉横列图。

（7）贾卡组织花纹设计、复制、横移。

（8）不同段长花型配置及组织扩展。

（9）线圈仿真，生成织物仿真图。

第三节　纺织品 CAD 程序设计

纺织品 CAD 的程序设计，是根据织物组织的规律性，对各类织物组织进行数学描述，建立相应的数学模型和计算方法，利用计算机强大的运算、存储、修改和抗疲劳功能，对织物组织和上机信息进行运算和处理，大幅缩短纺织品的设计周期，提高纺织品设计质量。

一、织物组织结构设计及其编程

按照对织物组织的划分，织物组织结构设计的构成如图 1-1 所示。

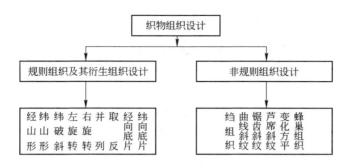

图 1-1　织物组织设计框图

　　根据上图，很容易用程序设计来实现织物组织设计的框架结构，然后可将每一功能编成程序模块，就可以初步构成一个织物组织设计系统。

　　在计算机编程时，通常使用数组来描述织物组织。在表达织物组织时，为了适合实际应用，仍用组织图的形式。这就需要用绘图语句编程。

　　以上，从总体设计到显示，讨论了与设计织物组织系列的有关问题，下面将致力于各模块的设计以及编程。

二、功能模块设计及其编程

　　"模块"这个词是从计算机硬件术语转化而来的。在计算机硬件上，如果有个芯片，它能在一定的条件下完成某一特定的功能，则称为"模块"。在编程中某一段程序能够完成组织的显示工作，称为"显示模块"。

　　1. 规则组织设计模块　这一模块的任务是完成规则组织的设计，并且进行规则组织的衍生变化。每一衍生组织可以认为是该模块的一个子模块，它们各自完成一个衍生变化。

　　在程序编制过程中，如果采用人机对话的方式，计算机将首先询问用户所设计的组织是什么，得到正确的回答后，再问飞数等一系列问题。由于：

$$Z = \frac{c_1 c_3 \cdots c_{v-1}}{c_2 c_4 \cdots c_v}$$

　　其中，Z 为织物组织；c_1、c_3、$\cdots$、c_{v-1} 表示经组织点的连续浮长；c_2、c_4、$\cdots$、c_v 表示纬组织点的连续浮长；v 为交叉次数（偶数）。

　　为了便于计算，应当按 $c_1 c_2 \cdots$ 的顺序将 Z 装入一个一维数组中。

　　a. 现假设已输入了组织 Z 和飞数 f，并已求得纬纱根数 N_1，经纱根数 N_2，来分析为组织数组 W（N_1，N_2）赋值的程序。

　　b. 对于飞数 f，先判断 | f | $\leqslant N_1-1$，如果 $f<0$ 还应进行 $f=f+N_1$ 的转换。

　　实现这一功能的程序是：

main（）

```
{
int w [N1] [N2];
for (i=1; i<=v; i++) scanf ("%d", &x [i]);
i=0;
for (j=1; j<=v; j++)
for (k=1; k<=x [j]; k++)
{i++;
if (j%2==1) //j 为奇数
w [N1-i+1] [1] =1;
else
w [N1-i+1] [1] =0;
}
for (j=2; j<=N2; j++)
for (i=1; i<=N1; i++)
{if ((i+f) >N1) w [i] [j] =w [i+f-N1] [j-1]; else w [i] [j] =w [i+f] [j-1];
} }
```

这样就得到了规则组织的最初步的组织数组 w（间接输入法）。这一程序可以视为规则组织设计模块的雏形。

但是，只有数组 w，还不能明确地表现织物组织。为了做到这一点，再介绍一个对于所有组织通用的组织显示模块。

设已获得组织数组 w，其大小为 $N_1 \times N_2$，并设组织图的左下角在坐标（6，180）处。

```
main ()
{int i, j, Jx=6, Jy=180, xc=8, yc=8;
for (i=1; i<=N2; i++)
{
for (j=0; j<=N1; j++)
{if (w [i] [j] ==1) bar (Jx+i * xc, Jy- (N1-j+2) * yc, Jx+i * xc+xc, Jy- (N1-j+2) * yc+yc);
} } } }
```

（1）经山形子模块。经山形组织中，经纱循环根数为 $2 \times N_2 - 2$，纬纱循环数为 N_2 处改变飞数，以第 N_2（或指定的 k_j）根经纱进行对称，从而实现经山形效果。

此程序转到组织显示模块，就可以显示出经山形组织图了。纬山形子模块可以参照经山形子模块编制。

此模块中，w_1、w_2 分别表示并列的两个组织数组。W% 表示并列后的组织数组。N_1、N_2 为并列后的经纬纱循环根数。N_{21} 为 W_1% 的经纱循环数（纬向并列作业）。

```
main（）
{
for（i=l；i<=N2；i++）
for（j=l；j =Nl；j++）w［j］［i］=wl［j］［i］；
for（i=l；i<=N2-2；i++）
for（j=l；j<=Nl；j++）w［j］［N2+i］=w1［j］［N2-i］；
}
    }
```

（2）经破斜子模块。

```
main（）
{
for（j=l；j<=N2；j++）
for（i=l；i<=Nl；i++）w［i］［j］=wl［i］［j］；
for（j=l；j<=N2-2；j++）
for（i=l；i<=Nl；i++）if（w1［i］［N2-j+1］==0）w［i］［N2+j］=1；
}
```

（3）左旋转子模块。

```
main（）
{
for（i=l；i<=Nl；i++）
for（j=l；j<=N2；j++）w［N2-j+l］［i］=wl［i］［j］；
}
```

（4）并列子模块。

```
main（）
{
for（j=l；j<=N21；j++）
for（i=l；i<=Nl；i++）
w［i］［j］=wl［i］［j］；
for（j=N21+l；j<=N2；j++）
for（i=l；i<=Nl；i++）
w［i］［j］=w2［i］［j-N21］；
}
```

（5）组织取反子模块。即把组织矩阵中的 0 变为 1，1 变为 0。它的实际意义是：将组织图的经组织点变为纬组织点，纬组织点变为经组织点。

main（）

```
{
for (i=l; i<n1; i++)
for (j=1; j<n2; j++)
if（w [i] [j] ==1) w [i] [j] =0; else w [i] [j] =l;
}
```

2. 非规则组织设计模块

（1）变化方平子模块。对于 Z_1、Z_2 均以左下角为起始点，所以它总为 1。设用数组来表示变化方平的组织矩阵。可编程如下：

```
main（）
{为 w [i] [1] 和 w [N1] [j] 赋值
for (i=1; i<=N1-1; i++)
for (j=2; j<=N2; j++)
if（w [i] [1] ==w [N1] [j]）
w [i] [j] =1;
}
```

此为变化方平通用子模块。凡是平纹变化组织均可借助于此模块来解决。

（2）曲线斜纹子模块。实际上依靠织物组织的飞数变化来实现某些外观上的曲线形状的。飞数的变换范围应当服从 $|f_{max}| < ML$，ML 是基础组织的最大浮长。

（程序略）

（3）绉组织设计。

①插入法（两个组织经纱按 1∶1 比例，纬纱按 1∶1 比例）。

```
main（）
{
int w [2×N1] [2×N2];
for (j=l; j<N2; j++)
for (i=l; i<Nl; i++) {w [2×i-1] [2×j-1] =wl [i] [j]; w [2×i] [2×j] =w2 [i] [j];
} }
```

②重叠（叠加法）。

```
main（）
{
for (i=l; i<Nl; i++)
for (j=l; j<N2; j++)
{if（w1 [i] [j]! =0 ‖ w2 [i] [j]! =0) w [i] [j] =1; else w [i] [j] =0;
}
}
```

三、配色模纹图设计及其编程

配色模纹图，表示了组织与色经色纬配合所得到的织物图案结果。在传统的设计方法中，织物的配色模纹图是画在意匠纸上的。如果要看一下该模纹图的整体效果，必须画出几个循环。但是这样一来，就使模纹图的设计和描绘十分烦琐，而且仅能看到一个图案效果，不能看到织物的实际效果。因此利用计算机进行设计，就必须解决织物组织配色模纹图的产生、组织与色纱配合的多循环快速重复、实际效果模拟色彩产生及调配、绘图仪输出、打印机输出等一系列问题。

1. 配色模纹图产生模块 产生配色模纹图时，是按织物组织和色纱排列情况，将画在织物表面的经纬纱符号涂成相应的色经色纬颜色，关于配色模纹图产生的数字问题，前面已经讲过。假设组织图的经纱循环数和纬纱循环数分别与色经循环数和色纬循环根数相同。若不相同时，用最小公倍数解决。该组织数组为 w（N_1, N_2），色纬数组为 C_1（N_1），色经数组为 C_2（N_2），C_1 和 C_2 数组元素为色彩码，用 G 表示配色模纹数组。

```
main（）
{for（j=l；j<=N2；j++）
{for（i=l；i<=N1；i++）
{if（w [i] [j] ==l）G [i] [j] =c2 [j]；esle G [i] [j] =c1 [i]；
}
} }
```

2. 配色模纹显示模块

```
main（）
for（j=l；j<=N2；j++）
for（i=l；i<=N1；i++）
{if（w [i] [j] ==l）G [i] [j] =c2 [j]；else G [i] [j] =c1 [i]；
dc. FillSolidRect（I0+j * XC, J0+i * YC, XC, YC, （G [i] [j] ） ）；
}
```

四、上机图设计及其编程

1. F、D、S 三者之间的相互转换问题 假设 F 为组织图矩阵，D 为穿综图矩阵，S 为纹板图矩阵，则：

```
main（）
{
for（k =l；k<=N3；k++）
for（j=1；j<=N2；j++）
{if（D [N3−k+l] [j] =l）
```

```
for (i=l; i<=N1; i++) S [i] [k] =F [i] [j];
    }
}
```

2. 织物与色纱配合显示模块　在配色模块中，一般是对图案和彩色进行操作。组织与色纱配合显示模块的主要作用是将当前操作的配色模纹图所用的组织及色经、色纬的色号及它们的配色方式显示出来。

3. 多循环快速重复模块　为了让用户更快更方便地看到自己设计的配色模纹图，这一模块的目的是把一个单独配色模纹循环图向水平和垂直方向扩展，以便更准确地判断图案的整体效果。这一模块只需要将一个模纹图按一定的规则排列即可。

4. 真实效果模块　这一模块可以让用户看到，当自己的设计的模纹图织成布后的标准真实效果。如果计算机的显示器的分辨率足够高，就可以根据织物纱支和密度来显示。这样的显示结果，逼真可信，酷似真实布样，可以为设计人员提供参考，以决定该布样织成后是否受欢迎。如果计算机显示器的分辨率不够高，则可以用像元显示，这样显示虽不能按纱线线密度和织物密度变化，但也可以看出配色模纹的标准真实效果。

☞ **思考题**

1. 纺织 CAD 系统的软件和硬件由哪些部分组成？
2. 简述纺织品 CAD 程序应用的范围。

☞ **上机实验**

1. 用程序实现组织▨▨的作图。
2. 用程序实现组织左旋转 90°，左右旋转 90°。

第二章 机织物简单组织 CAD 系统

本章知识点

1. 各类简单组织、变换组织、小提花组织的特点及计算机生成方法。
2. 上机图、配色模纹图建模及计算机设计方法。
3. 经二重组织、纬二重组织、管状组织、双幅组织、接结组织、双层表里换层组织等复杂组织程序设计方法。
4. 复杂组织穿综图的设计。

第一节 软件功能系统介绍

为了使操作计算机不够熟练的织物设计人员能方便地应用机织物简单组织 CAD 系统，其用户界面采用下拉式立体菜单。这种菜单界面友好、直观，使用者易于掌握，具有菜单导航功能，使用户在各功能间方便的切换，更有利于操作。系统包括设计组织图、上机图、纱线配色、纱线线密度设计以及总体效果显示等内容，如图 2-1 所示。

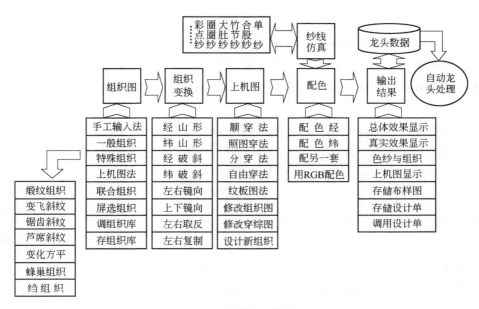

图 2-1 简单组织功能图

1. 数据文件的编制存储和读出（存储组织图库） 简单组织 CAD 系统具有自动编制数据文件的能力，在该系统上完成一个织物设计以后，可以将有关数据存储在软盘或硬盘上，在需要时读出数据重显模拟图像。用户一旦选择"打开组织库"，屏幕上立即弹出窗口并显示库中所含的各组织文件名，如一次显示不完，可借助鼠标或键盘，翻页查询，用户只要指定已登录的组织名，就可选中该组织图。

2. 数据文件的查询（编制，存取） 为便于文件的存储与读出，系统具有主动编制数据文件的功能，系统的数据文件管理采用二级文件管理，使文件管理井井有条。

3. 具有多功能打印功能 系统可自动打印出工艺总设计单、组织图、上机图，并可将设计人员选定的理想模拟小样，通过彩色打印机打印出来。

4. 钢板图自动编排 系统具有钢板图自动编排的能力，用户可以从数据文件中读出纬纱的排列数据，或即时输入新的纱线排列数据。系统可以根据设计人员指定的梭箱配置方式（1×2，2×2，2×4，4×4）及左右手车，或计算机自动安排的最佳梭箱配置迅速地完成梭箱钢板的编排，并在屏幕上显示出梭箱链图。

第二节　简单组织设计

简单组织设计

生成织物组织图的方法一般有以下几种。

（1）由手工输入法生成组织图。

（2）由穿综图、纹板图生成组织图。

（3）调用组织库图形，合成生成组织图。

一、建立生成织物组织图

根据所要设计的织物结构的特点，在"求组织图"中应选择适当的方法：

1. 手工输入设计 对于不规则的织物组织，选用"手工输入"设计。

2. 其他方法设计 对于有一定规则的织物结构组织，选用"求组织图"中的其他方法设计。

一般组织包括平纹组织、斜纹组织及其变化组织、缎纹组织。变飞斜纹组织、锯齿组织、芦席斜纹、变化方平组织、蜂巢组织、绉组织等则利用特殊组织构成。对于组织图比较复杂，而穿综图、纹板图较简单的织物，选上机图法，即先求出组织图，再选纹板图法。此时，计算机先把组织图转化为纹板图，再手工输入穿综图，并自动生成组织图。

3. 组织图参数输入

（1）手工输入法。鼠标输入后屏显，屏显如图 2-2 所示。先输入经纱和纬纱的循环数，单击

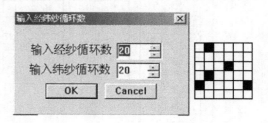

图 2-2　手工输入法对话框

鼠标左键可实现组织点的点动输入或按住左键拖动不放实现连续输入。输入错误时，再次点击即可取消该组织点。

（2）一般组织。先选定交错次数（必须为偶数），再选择组织规律和组织飞数，即可生成组织图。一般组织输入法如图 2-3 所示。

（3）缎纹组织。先输入纱线循环数 R 和组织点飞数 S，再选择经（纬）面缎纹即可得到所需缎纹组织。缎纹组织输入法如图 2-4 所示。

（4）变飞斜纹组织。先输入一般组织，再输入经纱循环数以及每根纱线的变飞数值即可。注意各飞数之和必须等于零或等于组织循环数的整数倍。变飞斜纹组织输入法如图2-5所示。

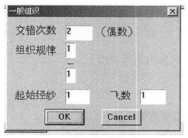

图 2-3　一般组织参数输入

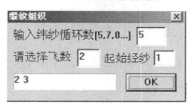

图 2-4　缎纹组织参数输入

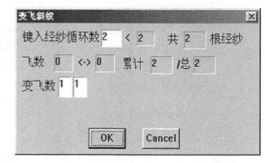

图 2-5　变飞斜纹组织参数输入

（5）锯齿斜纹。输入交错次数、组织规律、组织飞数、锯齿飞数和锯齿长度，即可得到锯齿斜纹的组织图。锯齿斜纹组织输入法如图 2-6 所示。

（6）变化方平组织。输入交错次数和组织规律即可生成变化方平组织。变化方平组织输入法如图 2-7 所示。

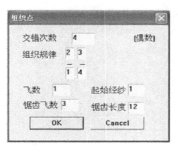

图 2-6　锯齿斜纹组织参数输入

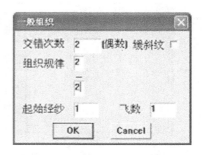

图 2-7　变化方平组织参数输入

（7）芦席斜纹。输入基础组织和斜纹条数即可生成芦席斜纹。芦席斜纹输入法如图2-8所示。

（8）蜂巢组织。输入基础组织即可得到蜂巢组织。蜂巢组织输入法如图 2-9 所示。

（9）绉组织。先输入经纱和纬纱的循环数，再输入综片数，即可得到绉组织。绉组织输入法如图 2-10 所示。

（10）上机图法。输入经纱和纬纱的循环数、综片数，点动输入穿综图，可生成组织图和纹板图。上机图输入法如图 2-11 所示。

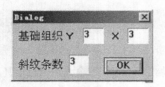

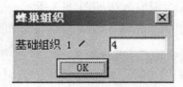

图 2-8　芦席斜纹组织参数输入　　　　　　图 2-9　蜂巢组织参数输入

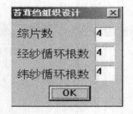

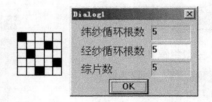

图 2-10　绉组织参数输入　　　　　　图 2-11　上机图法参数输入

（11）屏选组织图。该项功能以每屏 27 幅组织图显示在屏幕上，并可按"Page"键翻页查询多屏组织图。若用户想挑选某幅组织图，只需用鼠标在某一幅图的方框内点动一下，即可选中该组织。屏选组织图如图 2-12 所示。

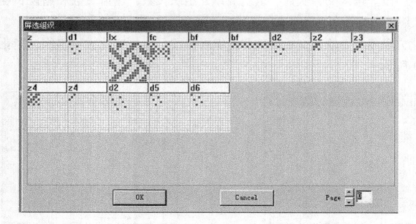

图 2-12　屏选组织图

（12）联合组织图。按鼠标左键可拖出一虚线小框，表示准备在该虚线框内填入基础组织，当确认虚线框正确后，按鼠标右键确认。弹出基础组织选择菜单，然后出现可按"↑"和"↓"键或鼠标左键拖动选定某基础组织，反复进行可完成由不同基础组织组合的联合组织。联合组织图如图 2-13 所示。

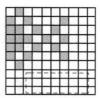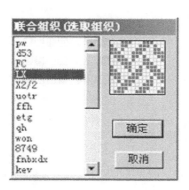

图 2-13　联合组织图

（13）存储组织图。将当前设计或修改过的组织图保存，提示在"组织库"中作为"调用组织图"存在第 13 记录号，供屏选组织图和联合组织时使用。

二、组织图的变化

组织图的变化指变化组织或组织变换。

1. 变化组织　变化组织的花型有经山形、经破斜、纬山形和纬破斜等，如图 2-14 所示。

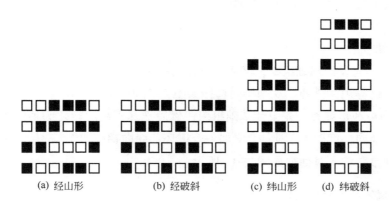

（a）经山形　　　　（b）经破斜　　　　（c）纬山形　　　　（d）纬破斜

图 2-14　变化组织图

2. 组织变换　组织变换的形式有左右镜像、上下镜像、左右取反、上下取反、左右复制和上下复制等，如图 2-15 所示。

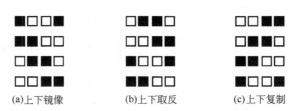

（a）上下镜像　　　　（b）上下取反　　　　（c）上下复制

图 2-15

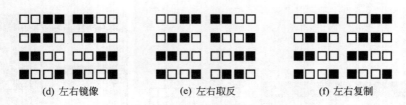

|　　　(d) 左右镜像　　　　　　　(e) 左右取反　　　　　　　(f) 左右复制|

图 2-15　组织变换图

第三节　小提花组织设计

小提花组织设计

小提花组织的提花类型主要包括散花排列、条格组织、透孔组织、网目组织及凸条组织等。

花型制作（即变化组织或组织变换）过程：

①设计基础组织。

②地组织：把基础组织转变为地组织。

③花组织：把基础组织转变为花组织。

④按提花类型进行设计即得所需组织。

一、散花排列

1. 规则排列　先设计基础组织，然后把基础组织转化为地组织，再进行散花排列，如按平纹、斜纹和缎纹等规律排列。规则排列选择如图 2-16 所示。

2. 经向和纬向梯形排列　先设计基础组织，然后把基础组织转化为地组织，再输入梯形相错比例即可。经向梯度取 1，即向上增加一个循环；纬向梯度取 1，起始点右移一格，经向和纬向梯形排列参数输入对话框如图 2-17 所示。

图 2-16　规则排列选择

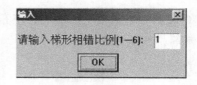

图 2-17　经向和纬向梯形排列参数输入

二、条格组织

1. 经条格组织　先输入经条数（1~5 条）以及每经条参数（如经纱根数、交错次数、组织、飞数等），即可生成经条格组织。其参数输入对话框如图 2-18 所示。

2. 纬条格组织　输入方法同经条格组织。纬条格组织参数输入对话框如图 2-19 所示。

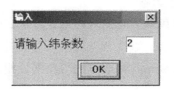

图 2-18　经条格组织参数输入　　　　图 2-19　纬条格组织参数输入

3. 格型组织　先输入一般组织作为地组织，选择"格型组织"后再输入经条数和纬条数，即可生成所需组织。格型组织参数输入如图 2-20 所示。

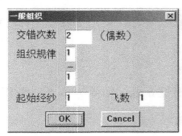

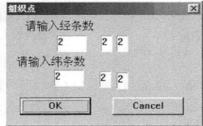

图 2-20　格型组织参数输入

三、纵条组织

1. 纵条格组织　构成纵条格组织的方法有两种。

（1）只要输入一种基础组织，利用底片翻转法自动生成纵条格组织。

（2）输入两种不同的组织形成纵条格组织，如图 2-21 所示。

2. 方条格组织

输入一般组织作为地组织即可，如图 2-22 所示。

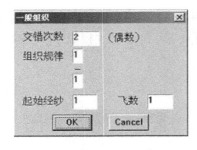

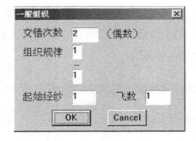

图 2-21　纵条格组织参数输入　　　　图 2-22　方条格组织参数输入

四、透孔组织

输入经纱循环数 N_1、纬纱循环数 N_2 即可生成所需组织，如图 2-23 所示。

五、网目组织

1. 经网目组织 先输入一般组织后，再输入经浮长数 f 值、经纱根数 h 值，如图 2-24 所示。

2. 纬网目组织 构成方法与经网目相同，如图 2-25 所示。

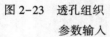

图 2-23 透孔组织
参数输入

图 2-24 经网目组织
参数输入

图 2-25 纬网目组织
参数输入

3. 单网目组织 输入经浮浮长数 f 值、经纱根数 h 值、间隔 g 值及一般组织即可得到所需组织，如图 2-26 所示。

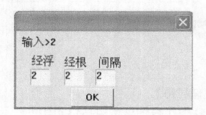

图 2-26 单网目组织参数输入

六、凸条组织

凸条组织包括经斜凸条组织、纬斜凸条组织、菱形凸条组织和纵凸条组织。前三种组织的设计方法相同，输入一般组织（如 6/6、8/8）即可生成，如图 2-27 所示。而对于纵凸条组织，先输入重平浮长数 x，排列比 A、B，芯线根数 Z，每条平纹根数 Y；再输入一般（固接）组织，如图 2-28 所示。

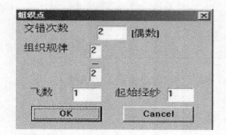
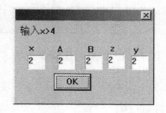

图 2-27 经斜、纬斜、菱形凸条组织参数输入   图 2-28 纵凸条组织参数输入

第四节 复杂组织设计

传统的复杂组织都是设计人员将表里组织加以变化人为地进行配合，这种配合速度慢，效果差，易出错，而采用 CAD 技术，通过变化表里组织加以配合，再加上仿真的模拟，就能快速地得到所需的最佳组织图，缩短设计周期。

复杂组织 CAD 子系统开发了经二重组织，纬二重组织，管状组织，双幅组织，接结组织（表经接结组织，里经接结组织，联合接结组织），表里换层组织等八个系列产品，并可进行上机图的设计及小样图的仿真。

复杂组织设计过程如图 2-29 所示，复杂组织功能描述见表 2-1。

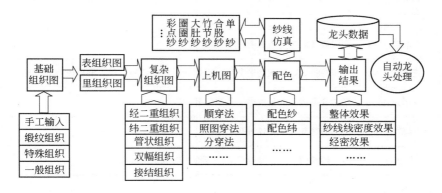

图 2-29 复杂组织功能框架

表 2-1 复杂组织功能描述表

序号	功能	子功能	功能简要说明	备注
1		手工输入法	在对话框中输入组织图	
2		一般组织	平纹组织、斜纹组织及其变化组织	
3		缎纹组织	设计经纬面缎纹组织	
4		特殊组织	变飞斜纹组织、锯齿组织、芦席斜纹、变化方平、蜂巢组织、绉组织等	
5	组织图	经二重组织	由表里两个组织组成	
6		纬二重组织	由表里两个组织组成	
7		管状组织	连接双层组织的两边缘构成管状组织	
8		接结组织	依靠各种接结方法使分离的表里两层构成一个整体的织物	
9		表里换层组织	不同色泽的表经与里经，表纬与里纬，沿着正反两面利用色纱交替织造形成花纹	

序号	功能	子功能	功能简要说明	备注
10	上机图	顺穿法	操作简便，不宜出错	
11		照图穿法	适用于经循环较大而其中含有经纱浮沉规律相同的组织（如绉组织、平纹小提花组织）	
12		飞穿法	组织图中各根经纱间隔地穿入相应的综内，适用于组织循环经纱数较少、但经纱密度较大的织物	
13		分区穿法	当织物组织中包含两个或两个以上组织，或用不同性质的经纱织造时，多采用分区穿法	
14	配色	配色纱	运用色纱与组织配成花形	
15		配色纬	运用色纱与组织配成花形	
16	纱线仿真	单纱	Z 捻纱，S 捻纱	
17		合股纱	两股或多股合捻成 Z 捻或 S 捻向	
18		花式线	有着各种分布不规则的截面，且结构、色泽各异，对织物形成特殊外观	
19		变形纱	经过变形加工的长丝纱，仿真其外观效果	
20	输出结果	整体效果	仿真织物外观的整体效果	
21		纱支效果	仿真纱线的效果，包括色彩、粗细、结点、圈圈等	

复杂组织 CAD 子系统对复杂组织的数学模型力求通用化，对任一表里组织的经纬纱线大小及任一表里经纱的排列比 $M：N$（$M \geq N$）和表里纬纱的排列比 $K：L$（$K \geq L$）均适用。

一、经二重组织

经二重织物是由两组经纱和一组纬纱交织而成。经二重组织一般是用来织制厚重织物，但也用于织物的两面使用不同原料以不同组织、不同颜色织出的复合织物，还用于较厚的高级精梳毛织物或织制经起花织物（即色织线呢和色织薄型织物）等。

（一）设计要求

经二重组织由两个系统经纱即表经、里经和一个系统的纬纱交织而成（图 2-30）。为了在织物正反两面都具有良好的经面效应，表经的组织点必须将里经的经组织点遮盖住。因此，表里组织需合理的配合，方能达到上述要求。

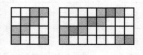

图 2-30　经二重组织

（二）程序框图

复杂组织的程序设计框图大体相同，现以经二重组织为例加以说明，如图 2-31 所示。

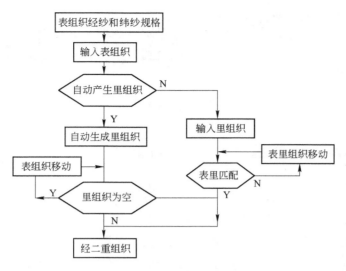

图 2-31　经二重程序图

复杂组织设计

（三）实例示范

1. 自动生成经二重组织

（1）做表组织。点击"求组织图"——"缎纹组织"，弹出对话框，如图 2-32 所示。输入相关参数，点击"确定"，则屏幕上出现一表组织如图 2-33 所示。也可用其他方法做表组织，但要是经面组织。

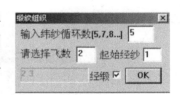

图 2-32　表组织

（2）确认经面组织。点击"表里组织"/"表面组织"，则弹出一对话框（图 2-34），点击"确定"。

（3）确认纬面组织。点击"表里组织"/"里面组织"，则弹出一对话框如图 2-35 所示。点击"确定"。此时，虽然屏幕上未显示新的组织图，但计算机已默认自动生成纬面组织。

图 2-33　缎纹组织

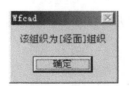

图 2-34　经面组织确认

图 2-35　纬面组织确认

（4）自动生成经二重组织。点击"表里组织"/"经二重组织"，则弹出一对话框问："自动生成里组织"，点击"是（Y）"。则系统自动生成此经二重的里组织，如图 2-36 所示。

2. 不自动生成经二重组织

（1）做表组织。点击"求组织图"后，选用某一组织图方法。输入相关参数，点击"确定"，则屏幕上出现一表组织。也可用其他方法做表组织，但要求是经面组织。

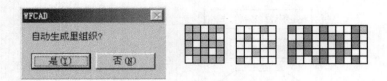

图 2-36　自动生成里组织

（2）确认表组织。点击"表里组织"／"表面组织"，则弹出一对话框（图2-34），点击"确定"。

（3）做里组织。点击"求组织图"后，选用某一求组织图方法，弹出对话框，如图2-37所示。点击"是"，则生成一里组织（注：做里组织要求是纬面组织）。

（4）点击"表里组织"／"里面组织"，则弹出一对话框（图2-35），点击"确定"。

（5）不自动生成经二重组织。点击"表里组织"／"经二重组织"，则弹出一对话框（图2-36）"自动生成里组织"点击"否（N）"，则系统将刚才的组织绘制生成经二重组织。

如表组织采用 $\frac{3}{1}$ 右斜纹，反面组织采用 $\frac{3}{1}$ 左斜纹，比例为 1 : 1 的经二重组织的结果如图 2-38 所示。

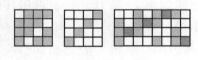

图 2-37　组织图信息确认　　　　图 2-38　经二重组织

3. 经二重组织的存取

这种组织不能像普通设计的组织一样保存，要先在 D 盘里新建文件夹。再点击"复杂组织"工具栏中的"保存"，找到新建文件夹，填好名称点保存，即可完成。

二、纬二重组织

纬二重织物和经二重织物一样是二重组织。纬二重织物是由一组经纱和两组纬纱交织而成。纬二重组织应用较多，通常用于制织毛毯、棉毯、厚呢绒和厚衬绒等，也有用于工业用织物，如滤尘布。

1. 设计要求　纬二重组织由两个系统纬纱即表纬里纬和一个系统的经纱交织而成，如图 2-39 所示。为了在织物正反两面都具有良好的纬面效应，必须使里纬的短浮长配置在相邻表纬的两浮长线间，使表纬的纬浮长线将里纬的组织点遮盖住。

2. 程序框图　程序框图参见图 2-31。

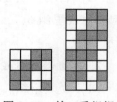

图 2-39　纬二重组织

三、管状组织

管状组织属于复杂组织中的双层组织，即有两个系统各自独立的经纱和纬纱，在同一机台上分别形成织物的上下两层。在表层的经纱和纬纱称为表经、表纬，在下层的经纱和纬纱称为里经、里纬。将双层织物组织的两边缘处连接起来即成管状组织。管状组织可用于制织水龙带、造纸毛毯、圆筒形的过滤布和无缝袋子及人造血管的管坯等织物。

在设计管状组织的织物时，要求选用同一组织作为表里两层的基础组织，表里层经纱的排列比 $M:N$ 通常为 $1:1$，表里层投纬比应为 $1:1$，里层组织与表层组织互为底片翻转关系，但其起始位置取决于第一纬纱投纬方向的不同，如图 2-40 所示。

 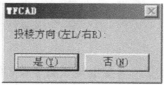

图 2-40　管状组织参数输入

四、双幅组织

当双层织物仅在一侧进行连接的时候，就形成了双幅织物。可以获得比上机幅宽大一倍的阔幅织物。这类组织在毛织物中应用较多，如造纸毛毯。

使上下两层织物仅在一侧连接，因此双幅织物的表里纬纱排列比必须是 $2:2$，如图2-41所示。表里层经纱排列比（$M:N$）可为 $1:1$ 或是 $2:2$。

图 2-41　双幅织物

五、接结双层组织

接结双层组织织物是依靠各种接结方法使分离的表里两层紧密地连接在一起，而构成一个整体的织物。这种组织在毛、棉织物中应用较广，一般常用于制织厚呢、厚重的精梳毛织物、家具布以及鞋面布等。

接结双层组织可分为表经接结双层组织（上接下法）、里经接结双层组织（下接上法）、联合接结双层组织。

1. 接结双层组织的类型

（1）表经接结双层组织（上接下）如图 2-42 所示，其表面组织一般选用纬面组织或同面组织，而里组织则选配经面组织或同面组织，表里经纱排列比一般选用 1：1 或 2：1，确保表经向下接结时，里纬组织点突出而又能被表纬所盖住。如表面组织选用$\frac{2}{2}$右斜纹组织，里组织也选配$\frac{2}{2}$右斜纹组织，表里经纱排列比选用 1：1，则可自动生成如下的接结双层组织的组织图。

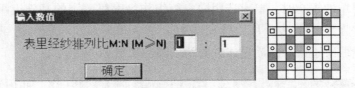

图 2-42　表经接结双层组织

（2）里经接结双层组织（下接上）如图 2-43 所示，其表面组织一般选用经面组织或同面组织，而里组织则选配纬面组织或同面组织。表里经纱排列比同样选用 1：1 或 2：1，确保里经向上接结时，突出的里经组织点能被表经所盖住。如表面组织选用$\frac{2}{2}$右斜纹组织，里组织也选配$\frac{2}{2}$右斜纹组织，表里经纱排列比选用 1：1，则可自动生成如下的接结双层组织的组织图。

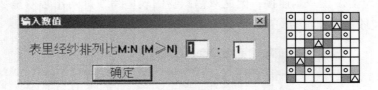

图 2-43　里经接结双层组织

（3）联合接结双层组织如图 2-44 所示，既有表经接结又有里经接结，因此其表面组织和里组织最好选用同面组织。表里经纱排列比仍可选用 1：1 或 2：1，确保表经向下接结时，里纬组织点突出而又能被表纬所盖住；里经向上接结时，突出的里经组织点又能被表经所盖住。如表面组织选用$\frac{2}{2}$右斜纹组织，里组织也选配$\frac{2}{2}$右斜纹组织，表里经纱排列比选用

图 2-44　联合接结双层组织

1 : 1，则可自动生成如下的接结双层组织的组织图。

2. 设计要求 在织表层时，里经提起与表纬交织，由于里经提起，如在表里层颜色不同时易产生漏底现象。因此在确定接结点组织时，应使接结点位于两表经长浮线之间，避免漏底现象。同样，在织里层时，若表经向下与里纬交织，由于里纬组织点的突出，也担心产生漏底现象，应使突出的里纬组织点位于两表纬长浮线之间。在实际生产上，接结点的数量可以不需太多。

六、表里换层双层组织

表里换层双层组织是在一般双层组织的基础上，仅以不同色泽的表经与里经、表纬与里纬，沿着正反两面利用色纱交替织造形成花纹。要满足表里交换的对等性，表里经纱排列比和表里纬纱投纬比都应选择 1 : 1，表面组织和里组织的组织循环大小也应考虑一定的对等性。图 2-45 是表里换层双层组织的表里经纱排列比和表里纬纱投纬比的参数选择。

图 2-45 表里换层双层组织参数输入

表里换层双层组织的设计，关键在于弄清表里交换时的显色规律。在图 2-46 中，表示了表里经纬纱在不同交换状态下的显色规律。

（1）甲经甲纬构成表层，如图 2-46（a）显甲色。

（2）甲经乙纬构成表层，如图 2-46（b）显甲色和乙色。

（3）乙经乙纬构成表层，如图 2-46（c）显乙色和甲色。

（4）乙经甲纬构成表层，如图 2-46（d）显甲色和乙色。

七、穿综图设计

1. 分区穿综设计 在经二重组织、接结双层组织和毛巾组织中，都用到了分区穿法（图 2-47），即将表经穿前区，里经穿后区。

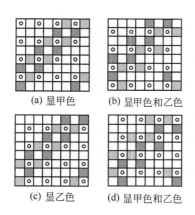

(a) 显甲色　　(b) 显甲色和乙色

(c) 显乙色　　(d) 显甲色和乙色

图 2-46 表里换层双层组织图

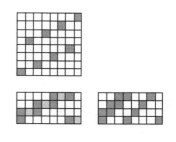

图 2-47 分区穿法

2. 照图穿法　对于二重组织，一般用顺穿法或照图穿法，而管状、双幅组织可用分区穿法，也可用顺穿法和照图穿法。

☞ **思考题**

1. 简述一个完善的机织物 CAD 系统由哪些部分组成，简述其主要功能。
2. 试述机织物 CAD 系统的数据结构与工作原理。
3. 简述机织物 CAD 系统的应用过程。
4. 简述经二重、纬二重组织的设计要点。
5. 简述表里换层双层组织的设计要点。

☞ **上机实验**

应用机织物组织 CAD 系统，设计简单组织、小提花组织、复杂组织。

第三章　机织小花纹 CAD 系统

本章知识点

1. 机织小花纹CAD系统的功能结构图及各模块的主要功能。
2. 纱线的仿真建模方法及不同类型纱线的计算机设计方法。
3. 机织小花纹CAD系统中的织物组织设计方法。
4. 大样、包袱样的产品的设计方法及织物仿真功能的实现。
5. 机织小花纹CAD系统中数据维护功能的实现。

第一节　概述

机织小花纹 CAD 系统是为帮助纺织企业更好地进行机织小花纹产品设计而开发的专业性软件。通过该软件可以快速进行纱线颜色的选择、纱线的模拟、织物组织设计、大样开发、包袱样设计及最终效果的呈现。大幅缩减了整个设计流程，避免了繁杂的纱线选择、试纺、织物上机试织等工作，从而提高了纺织企业的产品开发效率，提高了企业产品的开发能力及对市场变化的快速反应能力。另外，利用该系统能够把设计人员的设计意图方便、直观地表现出来，代替打小样的功能，利用打印出来的高仿真纸样代替原来的实物样提供给客户或参加产品发布会，可以极大地降低产品的开发成本，从而提高企业的市场竞争力。

一、系统的功能结构

机织小花纹 CAD 系统的主要功能包括基础数据库（包括色卡库、纱线库、组织纹板图库、面料库等）的建立、纱线设计与仿真、织物组织与纹板图设计、大样产品设计、包袱样产品设计、外观效果打印、基础数据库维护等。具体的功能结构图如图 3-1 所示。

（1）色卡库建立。对潘通色卡上的所有颜色进行建库，另外还可以根据企业现有纱线进行色卡库的建立，方便用户使用，提高仿真效果。

（2）纱线设计与仿真。对于纱线库中没有的纱线要能够通过纱线的结构参数如线密度（或公支）、捻度、捻向、纱线结构进行纱线的设计；特别是异色纱外观的设计，包括毛条混色纱、异色合股纱（包括两色合股、三色合股）等。

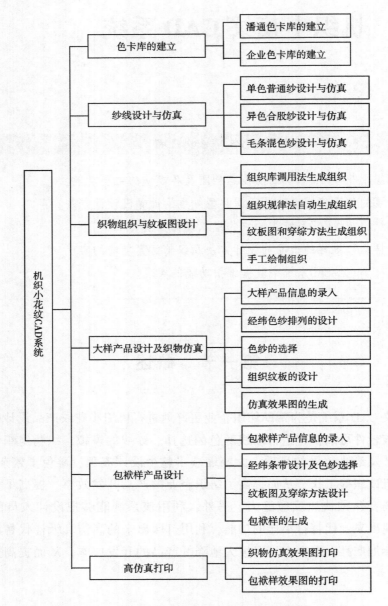

图 3-1　机织小花纹 CAD 系统功能结构图

（3）织物组织与纹板图设计。提供丰富的织物组织的设计和录入功能，包括采用组织库调用的方法，根据组织规律自动生成的方法，小花纹组织的手工点绘的方法，以及根据纹板图和穿综方法自动生成组织的方法。

（4）大样产品设计及织物仿真。在建立纱线库、色卡库、组织纹板库的基础上，根据所设计的花型、组织结构进行织物外观的仿真。能够同时表现出织物正反面的效果、能够对织物仿真图像进行放大或缩小、能够表现出纱线的外观特征（需要时，通过放大效果图来体现）、能够显示异色纱和其他花纱的效果、能够表现出起毛起绒的绒面效果。

（5）包袱样产品设计。一次实现经纬向各三种以上条带包袱样的设计与仿真，每个条带的经、纬纱颜色可以变化、排列可以变化、纬向条带的组织可以变化（通过变纹板来实现）、经向条带的穿综方法可以变化，在显示器上显示最终的包袱样效果，从而可以使每一个包袱样具有不同的纱线颜色、花型结构、织物组织。

（6）高仿真打印。能够打印带工艺参数的织物仿真效果的纸样，需要打印的工艺参数用户可以自由选择，也可以同时打印织物正反两面的仿真效果纸样，还可以根据用户的需要打印不同大小的织物纸样，包括 1/2 页、1/4 页、1/6 页和 1/8 页，大小可供选择。

二、系统主界面

软件安装完成，会在桌面生成快捷方式图标，点击后弹出用户登录窗口，输入用户名和密码后进入系统主界面，如图 3-2 所示，界面主要由系统菜单栏、工具栏、主显示区、状态栏等部分组成。

1. 系统菜单栏　系统菜单栏包括系统、纱线设计、织物设计、包袱样设计、图像处理、设置、数据维护、帮助等菜单项。

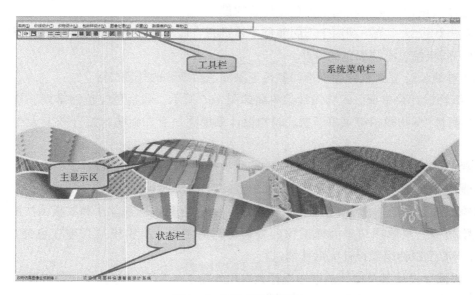

图 3-2　软件系统主界面

（1）系统菜单项。系统菜单项如图 3-3 所示，系统菜单项又包括新建、打开、入库保存、图像保存、打印设置、包袱样打印、色卡打印、数据导入、数据导出、退出系统等菜单子项。

"新建"菜单项又包括大样设计和包袱样设计两个子项，分别用于新建一个新的大样或包袱样设计。

"打开"菜单项可打开已保存在数据库中已经设计好的大样或包袱样产品。

"入库保存"菜单项可将新设计好的大样或包袱样产品信息保存至数据库，方便下次查看及使用。产品一旦"入库保存"，产品的所有信息，包括仿真效果图都将保存到数据库中。

"图像保存"菜单项可将模拟好的织物外观图像保存成指定大小和显示形式的 bmp 格式的图像文件，方便查看。

"打印设置"菜单项用于设计好的大样工艺及外观效果的打印，可以打印带工艺的仿真效果图，也可以打印不带工艺的仿真效果图。

"包袱样打印"菜单项用于包袱样仿真效果图的打印，A4 纸上每页打印 6 幅仿真效果图。

"数据导入"菜单项用于将客户端设计好的大样设计数据包的内容导入本系统中，并写入系统数据库中。

"数据导出"菜单项用于将设计好的大样设计工艺及仿真效果导出至数据包中，通过传递数据包，实现异地不同系统之间的数据传递。

"退出系统"菜单项用于安全退出该系统。

（2）纱线设计菜单项。纱线设计菜单项如图 3-4 所示，包含普通纱线设计、异色纱线设计、混色纱线设计三个菜单子项。

"普通纱线设计"菜单项用于单色纱外观的设计。

"异色纱线设计"菜单项用于不同颜色单纱进行合股纱外观的设计，可以是两股、三股，也可以是不同粗细、不同颜色的单纱。

"混色纱线设计"菜单项用于不同颜色毛条混色后纱线的外观设计。

（3）织物设计菜单项。织物设计菜单项如图 3-5 所示，包括色经色纬排列、常规织物设计、组织设计、织物模拟等菜单子项。织物设计菜单项只有在新建或打开一个大样织物后才能出现。

"色经色纬排列"菜单项用于大样织物的色纱排列及纱线选择的设计。

"常规织物设计"菜单项用于大样织物的经纬密度的设计。

"组织设计"菜单项用于大样织物的组织图设计，包括组织规律法和纹板图法两种。

"织物模拟"菜单项用于大样织物的外观仿真的生成，织物模拟必须在色经色纬排列、织物经纬密度及织物组织设计完后才能进行。

（4）包袱样设计菜单项。包袱样设计菜单项如图 3-6 所示，包括经纬条带设计、纹板穿综设计、包袱样的生成等菜单子项。包袱样设计菜单项只有在新建或打开一个包袱样产品后才能出现。

"经纬条带设计"菜单项用于包袱样经向、纬向条带的设计，包括条带的花型设计及条带所有纱线的设计。

"纹板穿综设计"菜单项用于包袱样中经向条带所对应的穿综方法和纬向条带所对应的纹板图设计，从而实现不同的经向条带和纬向条带结合形成不同的织物组织效果。

"包袱样的生成"菜单项用于在选择要生成的包袱样经向条带与其对应的穿综方法，以及纬向条带与其对应的纹板图后，生成相应的包袱样。一次最多可以生成 9 个包袱样效果。

 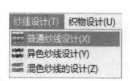 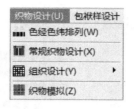 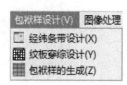

图 3-3 系统菜单项 图 3-4 纱线设计菜单项 图 3-5 织物设计菜单项 图 3-6 包袱样设计菜单项

（5）图像处理菜单项。图像处理菜单项如图 3-7 所示，包括起毛处理、裁锯齿边、快速放大、快速缩小、恢复 1：1、增强对比度、增加光泽、显示反面等菜单项。图像处理菜单项只有在织物仿真效果生成后才能出现。

"起毛处理"菜单项用于对织物仿真相关的起毛工艺处理，形成起毛效果。

"裁锯齿边"菜单项用于对织物仿真效果加锯齿边显示。

"快速放大"菜单项用于对织物仿真效果图进行快速放大，以便能够更好地查看仿真效果图的细节信息。可以快速放大到 150%、200%、250%、300%、350%、400%、500%。

"快速缩小"菜单项用于对织物仿真效果图进行快速缩小，以便能够更好地查看仿真效果图。可以快速缩小到 20%、40%、60%、80%、90%。

"恢复 1：1"菜单项用于当对仿真图像进行放大或缩小后快速地使织物外观图像恢复到与实物按 1：1 大小显示。

"增强对比度"菜单项用于增强经纬纱之间的对比度，能够使织物仿真效果更具立体感。该菜单项只对大样设计有效。

"增加光泽"菜单项能够使织物仿真效果光泽增强，类似于轧光后的效果。

"显示反面"菜单项用于显示织物外观仿真的反面效果，该菜单项只对大样设计有效。

（6）设置菜单项。设置菜单项如图 3-8 所示，包括起毛程度、屏幕分辨率、压扁系数、背景颜色、数据库连接、修改密码等菜单子项。该菜单项只有管理员身份登录系统才能看到。

"起毛程度"菜单项用于设置起毛处理时的起毛密度与起毛长度。

"屏幕分辨率"菜单项用于设置屏幕像素的直径，首次使用该系统时需要设置。

"压扁系数"菜单项用于设置纱线在织物中的压扁系数，默认值为 1.4，需要改变时通过此菜单项进行设置。

"背景颜色"菜单项用于设置织物仿真效果图中背景色的设置，对于低密度织物通常需要设置背景颜色。

"数据库连接"菜单项用于设置客户端与数据库服务器之间的连接，首次使用该系统时需要进行数据库的连接。

"修改密码"菜单项用于用户进行密码的修改。

（7）数据维护菜单项。数据维护菜单项如图 3-9 所示，包括员工信息维护、颜色库信息维护、面料库信息维护、纱线库的维护、已有产品删除等菜单子项。该菜单项只有管理员身份登录系统才能看到。

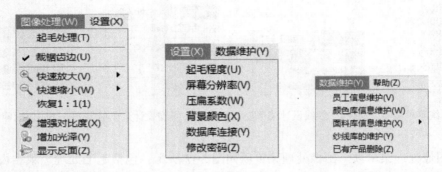

图 3-7 图像处理菜单项　　图 3-8 设置菜单项　　图 3-9 数据维护菜单项

"员工信息维护"菜单项用于进行员工信息的维护，包括员工信息的录入、修改、删除等处理。

"颜色库信息维护"菜单项用于企业自建颜色库中颜色信息的维护，包括颜色信息的录入、修改、删除等处理。

"面料库信息维护"菜单项用于企业面料信息的维护，包括面料信息查询、扫描面料入库、设计面料入库，其中扫描面料入库用于对现有面料的入口保存，设计面料入库对设计好还没有生产的面料进行入库保存。

"纱线库的维护"菜单项用于纱线的查询、浏览及删除等操作。

"已有产品删除"菜单项用于对数据库中设计的产品包括大样和包袱样的查询与删除处理。

2. 系统工具栏　系统工具栏如图 3-10 所示，工具栏包括：

图 3-10 系统工具栏

"□"相当于系统菜单中新建菜单项中大样设计子菜单项功能，用于新建一个大样工艺。

"▷"相当于系统菜单中打开菜单项的功能，用于打开已保存在数据库中已经设计好大样或包袱样的产品。

"▣"相当于系统菜单中入库保存菜单项的功能，用于将新设计好的大样或包袱样产品信息保存入数据库，方便下次查看及使用。

"▨"相当于纱线设计菜单中的普通纱线设计菜单项的功能，用于普通纱线单色纱线的设计。

"■" 相当于纱线设计菜单中的异色纱线设计菜单项的功能，用于采用不同颜色单纱进行合股纱的外观设计。

"■" 相当于纱线设计菜单中的混色纱线设计菜单项的功能，用于不同颜色毛条混色后纱线的外观设计。

"■" 相当于织物设计菜单中色经色纬排列菜单项的功能，用于大样织物的色纱排列及纱线选择的设计。

"■" 相当于织物设计菜单中常规织物设计菜单项的功能，用于大样织物的经纬密度设计。

"■" 相当于织物设计菜单中组织设计菜单项中纹板图法菜单子项的功能，用于大样织物的纹板图和穿综方法设计。

"■" 相当于织物设计菜单中织物模拟菜单项的功能，用于大样织物外观的仿真生成。

"■" 相当于包袱样设计菜单中经纬条带菜单项的功能，用于包袱样经向、纬向条带的设计，包括条带的花型设计及条带所有纱线的设计。

"■" 相当于包袱样设计菜单中纹板穿综设计菜单项的功能，用于包袱样中经向条带所对应的穿综方法和纬向条带所对应的纹板图设计。

"■" 相当于包袱样设计菜单中包袱样的生成菜单项的功能，用于在选择经纬向条带、穿综方法及纹板图完后，生成相应的包袱样。

"■" 相当于图像处理菜单中显示反面菜单项的功能，用于显示织物外观仿真的反面效果，只对大样设计有效。

"■" 相当于图像处理菜单中快速放大菜单项的功能，用于对织物仿真效果图进行快速放大，以便能够更好地查看仿真效果图的细节信息。

"■" 相当于图像处理菜单中快速缩小菜单项的功能，用于对织物仿真效果图进行快速缩小，以便能够更好地查看仿真效果图。

"■" 相当于图像处理菜单中裁锯齿边菜单项的功能，用于对织物仿真效果加锯齿边显示。

"■" 相当于图像处理菜单中起毛处理菜单项的功能，用于对织物仿真相关进行起毛工艺处理，形成起毛效果。

3. 主显示区　系统主显示区对织物仿真效果的显示，当在进行大样设计时，主显示区用于大样织物正面或正反两面的显示，显示正反面效果时其大小是 600 像素×800 像素；而在进行包袱样设计时，则用于包袱样效果的显示，一次最多能够显示 9 幅包袱样产品效果，每幅大小是 500 像素×500 像素。

4. 状态栏　系统状态栏包括三个部分，左边用于显示当前系统的状态，中间用于显示开发者的信息，右边用于显示当前的日期与时间。

第二节　纱线设计及仿真

纱线的计算机设计及仿真是通过键入相应的纱线参数，计算机即可迅速仿真出要试纺纱线的效果，并可以调整组成纱线的纤维色彩和混纺比、纱线的股数及捻度、纱线本身的颜色和纱线的线密度等，还可按要求模拟一定程度的纱线毛羽，并可将模拟的纱线随机嵌入织物的经纬纱图像之中，模拟该种纱线形成的织物外观。

一、纱线计算机仿真的基本原理及相关算法

纱线的实物图如图 3-11（a）（b）所示，为进行纱线仿真，必须描述纱线的特征参数，纱线的特征参数有：纱线支数，捻度（用捻回角表示），捻向（有 S 捻、Z 捻）如图 3-11（c）（d）所示。

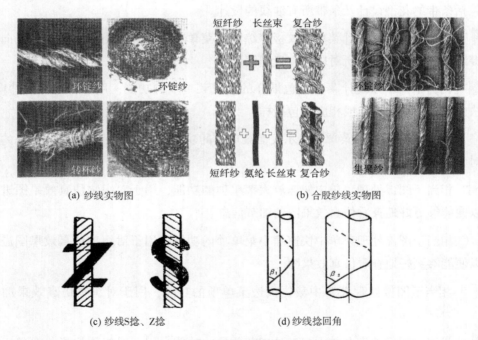

(a) 纱线实物图　　　　　　　　　　　　(b) 合股纱线实物图

(c) 纱线S捻、Z捻　　　　　　　(d) 纱线捻回角

图 3-11　纱线特征参数

纱线的计算机仿真方法有很多，经常使用的方法有：意匠格填充方法、参数设计法和模板设计法等。下面对意匠格填充方法涉及的主要算法进行介绍。

意匠格填充方法是根据纱线的线密度，计算纱线的直径，按照一定的放大倍数和意匠格的大小确定所需意匠格的纵横数；根据捻回角，利用不同的色块对意匠格进行填充。填充完后，缩小至每个单元格对应一个像素，于是纱线模拟就完成了。意匠格填充方法模拟效果图

如图 3-12 所示。

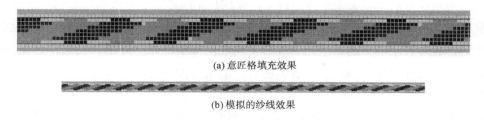

(a) 意匠格填充效果

(b) 模拟的纱线效果

图 3-12 意匠格填充法模拟效果图

主要的数学模型如下：

（1）纱线的直径。纱线直径是进行织物设计和确定织造工艺的重要依据之一。设纱线为圆柱体，则纱线的直径 d（mm）、纱线的线密度（Tt）、体积质量 δ（g/cm³）三者之间的关系为：

$$d = 0.03568\sqrt{\frac{Tt}{\delta}} \tag{3-1}$$

于是根据用户输入的纱线的线密度 Tt，就可计算出纱线直径。由于纱线直径很小，为了便于设计，对纱线放大，放大倍数根据纱线的线密度一般有所不同，通常在 5~10 之间。于是纱线在屏幕上所占的像素数 Pix 与纱线直径 d 之间有：

$$Pix = \frac{d}{Dot}B \tag{3-2}$$

式中：Dot——单位像素的宽度，可以由显示器分辨率获得；

B——放大倍数。

纱线在屏幕上所占的像素数计算出来后，一个像素对应一个意匠格，于是意匠格的纵格数就确定下来。有时为了模拟纱线表面的毛羽，可在纱线主干的上下增加一些意匠格，形成毛羽区来模拟毛羽。

（2）捻回角。纱线加捻后，纱线的表层纤维对纱轴的倾角，叫捻回角。捻回角是标志纱线加捻程度的指标之一，同时也是决定纱线外观的一个重要参数。但是由于测量捻回角不太方便，在实际中一般使用捻度或捻系数比较纱线的加捻程度。因此首先必须把捻度转变成捻回角，设 Tt 为纱线的线密度，δ 为纱线的体积质量，T 为纱线的捻度（捻/10cm），β 为捻回角，于是有：

$$\tan\beta = \frac{T}{892}\sqrt{\frac{Tt}{\delta}} \tag{3-3}$$

纱线的体积质量 δ 随组成纱线的纤维的种类性质及纱线的捻系数而不同，纱线的体积质量可参考相关手册。

（3）颜色的填充方法。对于单纱来说，纤维经加捻后，部分纤维凹陷，部分纤维凸起。

而凹陷区域由于对光线的反射能力弱，所以凹陷区域比凸起区域暗，从而形成加捻外观。于是对于单纱的填色方法是：确定单纱颜色，在保证色调的基础上降低明度得到一个新的颜色，按照捻回角在意匠格上涂上一条条斜线，斜线的宽度、斜线与斜线的距离通过随机数来确定，然后用纱的颜色对其余部分进行填充。对于股线来说，填色方法与单纱相似，只是斜线之间的距离由单纱的直径和捻度确定，最后填色时，采用两种颜色交替填充，填充方法可以采用种子填充法。

最后可在毛羽区按照不同的填充密度采用随机数进行填色，再按照一定约束条件，如每个绒毛必须上下相连、越靠近纱干部分越粗等不断进行优化，从而完成对纱线表面毛羽的模拟。

二、纱线计算机仿真的实现

本软件主要包括普通纱线、异色（A/B）纱线及混色纱（色纺纱）线的设计与仿真。

1. 普通纱线设计 普通纱线设计功能用于单色纱线的设计，点击菜单项"纱线设计"→"普通纱线设计"或工具栏"▨"按钮进入普通纱线设计界面，如图3-13所示。

图3-13 普通纱线设计界面

首先输入纱线名称，纱线名称包含三部分内容，最前面部分是纱线的原料，如 W 表示羊毛，S 表示真丝，C 表示棉……中间部分表示纱线的结构，如 46S/2 表示 46 英支二合股；后面部分"7036"表示输入的色号；在输入时纱线结构必须是数字、字符 S 或 s 及/，其他字符无法输入。色号只能输入数字。纱线支数默认值来自纱线名称中的纱线结构，在输入纱线支数、捻系数、原料成分（如 W100），选择捻向（S 捻、Z 捻）后，点击 ▨，选择所需纱线的颜色后，进入纱线颜色库选择界面，如图3-14所示。

在颜色库选择界面中，颜色系包括两种即潘通 TPX 颜色系（共计 1925 种）和企业自建颜色系。方法是首先选择相应的颜色系，然后是颜色色系选择，可以是全部颜色或按照 1 灰 2 米/驼 3 黄 4 咖啡 5 红 6 绿 7 蓝 8 黑 9 白色系选择，选择完后，相应色系下的颜色就会显示

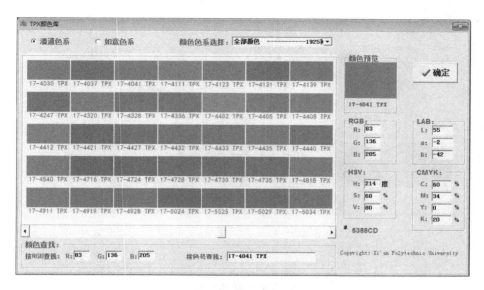

图 3-14　纱线颜色库颜色选择的界面

出来，然后选择相应的颜色。如果需要选择的颜色不在当前显示界面内，可以通过拉伸颜色下面的滚动条来切换当前显示的颜色。

当然如果知道颜色的 RGB 的值或者颜色的色号，则可以直接通过下面的颜色查找找到相应的颜色，颜色一旦确定，就会显示在颜色预览中，并且还会显示该颜色在 RGB、CMYK、Lab、HSV 颜色空间中的值，颜色确定完毕后，点击"确定"按钮，就完成纱线颜色的确定。

纱线的参数确定下来之后，点击"生成纱线"按钮，相应的纱线外观就显示出来。另外，还可以通过界面右上角设置背景色，查看不同背景色下的纱线外观效果。

最后点击"保存入库"按钮，完成纱线的入库保存。

2. 异色纱线设计　异色纱线也可以称为 A/B 纱线，异色纱线的设计可选择多色多原料纱线进行合股，点击菜单项"纱线设计"→"异色纱线设计"或工具栏 按钮进入异色纱设计界面，如图 3-15 所示。输入纱线设计参数：纱线名称（如 W66S/2-4001）、合股支数（在 8~ 200 之间数值）、捻系数、合股捻向、原料成分；选择股数，包括两色

异色纱线设计

合股、三色合股、四色合股，选择对应合股数后在所用单纱处会显示基本信息填写框架（如编号、线密度、纱线颜色），设计好相应信息后点击"生成纱线"按钮，异色纱的外观效果就会显示出来。并且在界面的右上角会显示所用到的单纱颜色与色号，方便查看。另外，也可以通过设置背景色，查看不同背景色下的纱线外观效果。

最后点击"保存入库"按钮，完成纱线的入库保存。

3. 混色纱线设计　混色纱线也称为色纺纱，混色纱线的设计可以呈现毛条混色后纱线的外观效果，点击菜单项"纱线设计"→"混色纱线设计"或工具栏 按钮，进入混色纱线设计界面，如图 3-16 所示。与异色纱线设计类似，需填写纱线名称（如 W66S/2-4037）、合

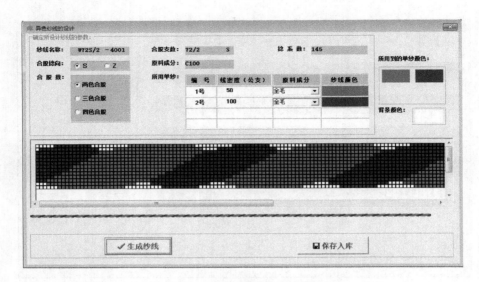

图 3-15   异色纱线模拟显示界面

股支数（在 8~200 之间数值）、捻系数、合股捻向、原料成分，此外还需要输入混色后的纱线色号，通常输入的纱线色号与纱线名称后面的色号是一致的，系统默认这两个值是相同的。然后选择混色数（两色、三色、四色、五色），选择混色数后，会显示毛条相关信息（包括毛条编号、色号、毛条颜色及所占比例，注意所用毛条百分比之和为 100%）。在界面的右上角会显示所用到的所有毛条的颜色与色号，方便查看。另外，也可以通过设置背景色，查看不同背景色下的纱线外观效果。

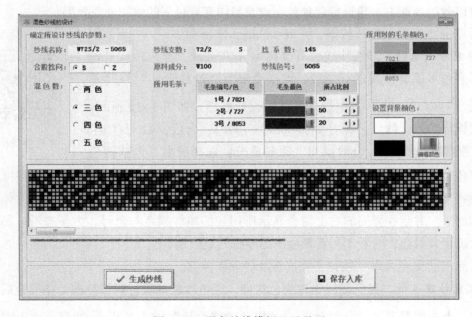

图 3-16   混色纱线模拟显示界面

最后点击"保存入库"按钮，完成纱线的入库保存。

所有的纱线设计好后，会形成纱线库，将来不管是大样设计还是包袱样设计，都可以使用已设计好的纱线。

第三节　大样产品设计

大样产品的设计用于单个产品的设计。大样产品设计包括大样产品信息录入、色纱排列设计、纱线的选择、组织纹板图的设计、织物外观仿真效果的生成等模块。

一、工艺参数设计

点击菜单"系统"→"新建"→"大样设计"会弹出大样设计的工艺信息界面，如图 3-17 所示，输入品号、品名、物料大类（包括全毛、纯毛、混纺、交织）、原料成分、纱线规格、花型描述（下拉菜单包括条子型、格子型、板丝呢、鸟眼、经纬异色、犬牙型、针眼型、变化组织、人字呢、贡呢、驼丝锦、其他）等工艺信息。

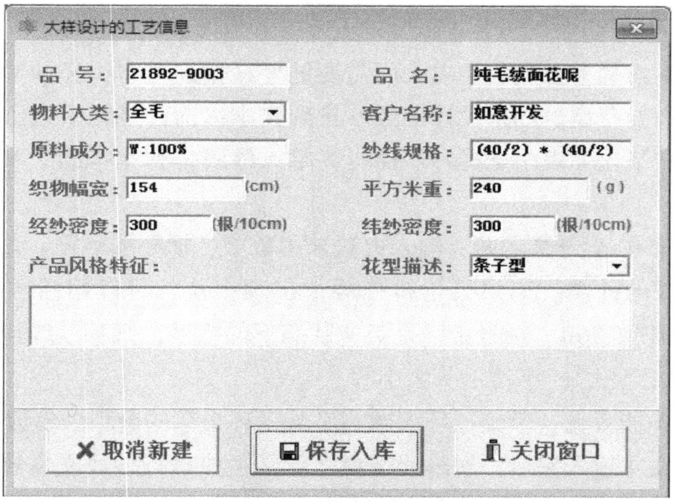

图 3-17　大样设计工艺信息界面

工艺信息输入完后，点击"保存入库"，如果数据库中没有与该产品相同的品号，保存后会显示"恭喜保存成功"对话框，如果输入的品号数据库中已经存在，系统会提示重新输入品号。

二、纱线排列及用纱设计

点击大样工艺信息设计界面的"关闭窗口"按钮，或点击菜单项"织物设计"→"色经色纬排列"，进入经纬纱排列及用纱设计界面，

纱线排列及用纱设计

43

如图 3-18 所示。

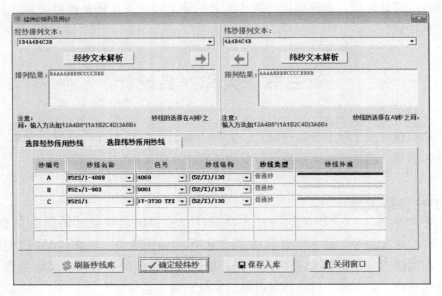

图 3-18　经纬纱排列及用纱设计界面

经纱排列文本下面的下拉列表中输入所需要的经纱排列文本，经纱排列文本就是色经的排列，它确定了织物的花型。如果设计的经纱排列文本以前已经输入过，并且已经保存在数据库中，可以直接从下拉列表中选择，从而提高输入纱线排列文本的效率。在输入经纱排列文本时应注意：

（1）纱线的选择在 A 到 F 之间，输入方法采用数字、括号加字符。其中数字代表色纱的根数，字符代表纱线的种类。如果某个排列规律出现多次，可以用括号把它们括起来，如 12A4B6 * (1A1B2C4D)3A6B。括号必须是英文状态下的括号，某种纱线排列即使是 1 根，数字 1 也必须写上，如 "1A"，字符不分大小写。

（2）花型循环不能太大，色经循环根数与经纱循环根数的最小公倍数不能超过 400 根。

（3）经纱排列文本输入完后，在纱线选择之前必须先进行纱线文本解析，然后再选择经纬纱所用纱线信息。方法是经纱排列文本输入完后，点击 "经纱文本解析" 按钮，其作用有两个方面，一是以验证经纱排列文本格式是否输入正确，如果格式不正确，系统会弹出 "色纱排列输入错误，请重新输入" 对话框，需要进行重新输入；另一个是去除经纱排列文本中的数字与括号，从而确定每一个经纱的色号。

纬纱排列文本的输入方法与经纱排列文本的输入方法相同。

经纱排列文本经过解析后就可以进行纱线选择，方法是点击纱线名称中的下拉列表，选择所需的纱线名称，也可以直接输入纱线的名称，或者输入纱线名称前面的几个字符，系统会自动查询，找到所需纱线名称。纱线名称确定之后，选择色号及纱线结构，此时，就可以看到所选纱线的类型和纱线的外观。按照这种方法确定所用的所有经纬纱线。如果发现纱线名称中没有所需要的纱线，这时可以通过菜单中的 "纱线设计"，进行所需纱线的设计，纱线设计完进行入库保存，然后点击"刷新纱线库"，这时就可以在纱线名称中找到刚设计的纱线。

如果输入的纬纱排列文本与经纱排列文本相同时，可使用 ➡ 按钮，直接将经纱排列文本及所用的纱线信息赋给纬纱，就不需要再进行纬纱文本的输入及选择。反之，经纱排列文本与纬纱排列文本相同时，可使用 ➡ 按钮，纬纱排列文本及所有的纱线信息赋给经纱，从而提高产品设计的效率。

所有纱线选择完毕后，点击"确定经纬纱"，需要注意的是，每次修改了纱线排列文本或更改了所有的纱线后都需要再次点击"确定经纬纱"按钮。如果需要入库保存，点击"保存入库"按钮，保存成功系统将弹出"恭喜保存成功"对话框。

当然也可以不进行每个步骤的"入库保存"，而是选择最后所有设计好后点击菜单项"系统"→"入库保存"，进行所有信息的一次入库保存。

三、织物组织设计

机织小花纹 CAD 系统中，组织图的计算机自动生成是织物进行计算机辅助设计的基础，因为织物的最终外观除了取决于纱线外观外，还有很大一部分取决于织物组织，因此，织物组织设计是织物 CAD 系统的重要功能。目前，纺织 CAD 系统中常用的组织的设计方法如下。

1. 预先创建组织库方法　这种方法把常用的组织预先录入系统，使用时，从系统中调用所需组织。此方法的优点是用户可以直接看到组织，对要设计的组织有直观的认识，便于用户使用。但预先创建组织数量毕竟有限，因此使用起来不够灵活。

2. 采用织物组织规律绘制组织图　这种方法根据第四章介绍的织物组织模型，利用计算机来自动生成织物组织。只需要输入组织参数，系统就可以自动绘制所需要的组织。如图 3-19 所示，需绘制的组织为经山形组织，基础组织 $z = \dfrac{3\quad 2}{2\quad 1}$，飞数为 1，$K_j = 8$。这种组织录入方法更加方便、灵活，能够非常方便地设计各种组织，不受系统组织库的约束。并且由于预先不需在组织库中存储组织，所以占有更少的存储资源。这种方法比较适合对织物组织有一定认识的用户使用。

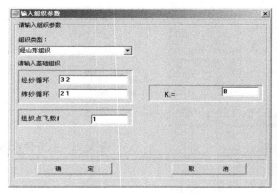

(a) 参数输入界面　　　　　　　　　　　　　(b) 所绘组织图

图 3-19　织物组织参数输入及所绘组织图

3. 手工绘制组织 这种方法就是采用手工点绘织物组织的方法，它可以作为对第一种方法的补充，同时也可用于对一些没有组织点运动规律的组织进行设计，满足操作者和用户的实际需要。设计时只需要键盘输入经纬纱循环数，系统就会自动产生意匠纸，然后点击鼠标左键生成一个经组织点，点击右键生成一个纬组织点，这样在意匠纸上就可以得到所需的组织图，实现组织图的录入。这种方法突破了组织规律的约束，给产品设计者提供了一个充分发挥自己创造性的舞台。

利用纹板图及穿综
方法生成组织

4. 利用纹板图及穿综方法生成组织 上机图包括组织图、穿综图及纹板图，三者之间的关系是：已知其中任何两个图就可以求出第三个图。因此，根据纹板图和穿综图可以获得组织图。利用纹板图与穿综方法获得组织图的模块界面如图 3-20 所示。在界面的右侧生成的意匠纸上可以用鼠标点击需要的纹板图。

在本软件系统中，通过点击菜单项"织物设计"→"组织设计"→"纹板图法"进入如图 3-20 所示的纹板图设计界面。

在界面的右侧生成的意匠纸上可以用鼠标点击需要的纹板图，点击鼠标左键生成一个组织点，如果点错了，可以通过点击鼠标右键清除。

快捷按钮 ▯ 用于创建一个新的纹板图，该按钮一旦点击，纹板图上所有信息就不存在了。

快捷按钮 ▱ 用于打开以往已经设计好的纹板，点击后会出现如图 3-21 所示的窗口。可以从选择组织纹板库中打开或从以往产品中打开已经存在的纹板，从以往的产品中打开，实际上就是用以前设计好的某个产品的纹板图，这样做的目的是提高产品设计的效率。选择调入纹板图方式后，就可以选择所需要的纹板，纹板一旦选定，相应的纹板图就会显示出来，然后点击"确定"按钮，选定的纹板图就显示出来并可以使用。

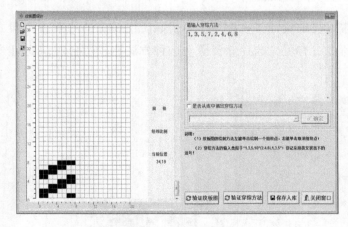

图 3-20 纹板图设计

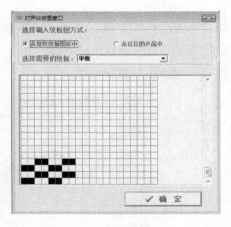

图 3-21 打开纹板图窗口

快捷按钮 🖫 用于保存已经设计好的纹板图到组织纹板库中，点击后会弹出"纹板保存"对话框，输入该纹板的名字，点击"确认"按钮就可以完成纹板图的入库保存了。

快捷按钮![按钮]用于设置纹板循环，如果连续的几块纹板需要重复多次，可以使用该按钮。点击进入如图 3-22 界面，分别输入需要循环纹板的起始行、终止行及重复次数后，点击"添加"按钮，可以设置多组纹板循环。当所有的纹板循环设置好后，点击"确定"按钮，从而确定所设置的纹板循环。当然也可点击"撤销"按钮，完成对纹板循环设置的撤销。

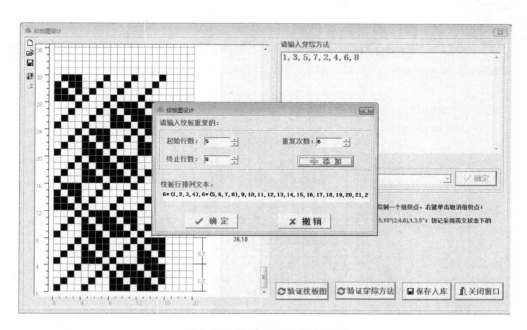

图 3-22 纹板图循环设计界面

快捷按钮![按钮]用于擦去纹板图上所有已点的纹板图，用于重新设计。

纹板图设计好后，输入穿综方法。穿综方法的录入可以采用两种方法，一种是采用手工录入的方法。在"请输入穿综方法"列表中输入穿综方法文本。在录入的过程中注意：穿综方法的格式为"1,3,5,10*(2,4,6),1,3,5"，逗号必须是英文字符。另一种是直接使用以前已经录入过的穿综方法，方法是选中"是否从库中调出穿综方法"选项，激活下拉列表。如图 3-23 所示，选中所需的穿综方法后点击"确定"按钮，相应的穿综方法就加入"所输入穿综方法"下面的列表中。

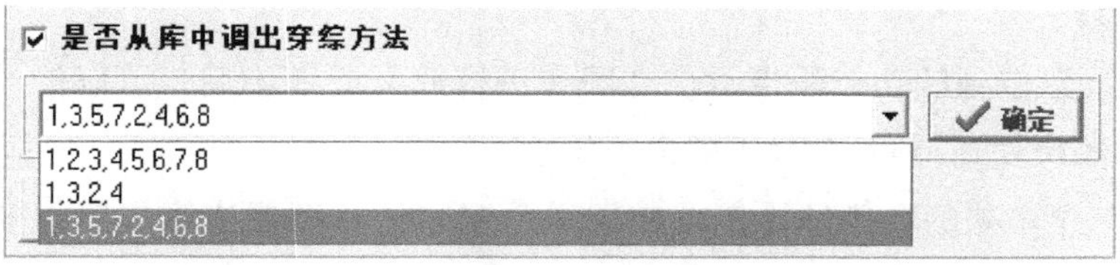

图 3-23 从数据库中调出穿综方法界面

纹板图与穿综方法设计完毕后分别点击"验证纹板图""验证穿综方法"，可以进行纹板图和穿综方法的验证，以验证纹板图上是否有空行、空列以及纹板图的列数是否等于所需要的综框数等，如果出现上述错误，系统会弹出错误对话框。验证完毕后，点击"入库保存"按钮进行纹板图与穿综方法的入库保存。

织物外观模拟

四、织物外观模拟

点击经纹板图设计界面的"关闭窗口"按钮或菜单项"织物设计"→"织物模拟"进入如图 3-24 所示的织物外观模拟界面。

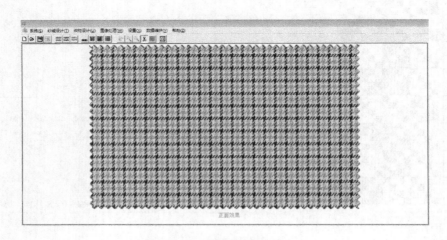

图 3-24　织物外观模拟界面

织物外观模拟好后，可以点击 显示织物的反面效果；点击 按钮进行仿真效果图的放大或缩小；点击 按钮可以设置是否显示锯齿边；点击 按钮可以进行起毛效果的设置。

五、大样产品设计的右键功能

在大样产品生成后，在生成的图像上点击鼠标右键，会弹出如图 3-25 所示的弹出式菜单。在菜单中：

"放大"和"缩小"菜单项的功能是实现仿真图像的放大或缩小，以便能够更好地观看织物外观仿真效果。

"恢复 1∶1"菜单项的功能是当对仿真图像进行放大或缩小后，可以使用该菜单项快速地使织物外观图像恢复到与实物 1∶1 的大小显示。

"裁锯齿边"菜单项的功能是让包袱样中每个织物仿真图像边缘加锯齿效果，如果这个选项没有被选中，则不显示锯齿边效果。

"起毛处理"菜单项的功能是对织物仿真效果进行起毛（起绒）工艺处理，关于起毛的密度和起毛的长度可以从菜单"设置"→"起毛程度"中设置。

"当前织物工艺"与"保存当前图像"菜单项用于包袱样的仿真。

六、图像处理功能

图像处理菜单中的起毛处理、裁锯齿边、快速放大、快速缩小、恢复 1 : 1、显示反面的功能与右键功能的作用相同，这里主要介绍增强对比度和增强光泽的作用。

1. 增强对比度　增强对比度的作用是为了增强经纬纱之间的对比度，使织物仿真效果的立体感更强。增强对比度主要用于深色织物的模拟，点击增强对比度菜单项，进入增强对比度设计界面，如图 3-26 所示。选择需要增强的纱线是经纱还是纬纱，分别进入经纱或纬纱增强面板，然后选择需要增强的纱线，通过纱线代号右侧的滚动条设置增强对比度的强度。

图 3-25　仿真效果弹出式菜单

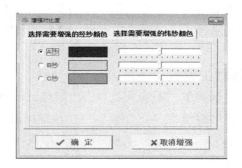

图 3-26　增强对比度界面图

2. 增强光泽　增强光泽处理的作用是为了获得织物轧光工艺处理的效果，增加织物表面光泽程度。增强光泽界面如图 3-27 所示，点击增强光泽菜单项进入增强光泽处理界面，利用滑动条设置增强光泽的程度大小。

3. 起毛（绒）处理　对于一些毛纺织物来说，其表面往往分布着一些绒毛，起毛（绒）处理就是为了在仿真的织物表面模拟这些绒毛。起毛（绒）处理可以模拟不同长度、不同密度、不同风格的起毛处理工艺。起毛程度用于设置起毛工艺中起毛的长度与密度及整理效果，包括起绒、顺毛、水波、短顺风格的设置。点击进入起毛（绒）设置界面，如图 3-28 所示。

图 3-27　增强光泽界面图

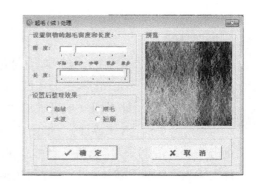

图 3-28　起毛程度设置界面

通过滑动条可以设置起毛的密度和长度，密度指的是单位面积内的起毛数，密度越大，起毛越明显；长度是指起毛纤维的长度，在相同密度的情况下，长度越长，起毛越明显。另外，在设置的过程中可以直接通过预览看到织物起毛的效果，设置满意后，点击确定即可完成织物的起毛工艺设置。

此外，还可以设置后整理效果，选择相应的后整理，如起绒、顺毛、水波效果等。

第四节　包袱样产品设计

包袱样产品的设计用于一次设计多个产品。包袱样产品设计包括包袱样产品信息录入、经纬纱条带的设计、条带纱线的选择、纹板图及穿综方法的设计、包袱样产品的生成等模块。

一、基本工艺设计

与大样设计类似，需输入基本工艺信息，不同处在于可以进行条带设计、纹板变换等操作。首先点击"系统"→"新建"→"包袱样设计"进入包袱样设计界面，如图3-29所示，填写品号、品名、客户名称、原料成分等信息后，点击"保存入库"按钮，进行包袱样工艺信息的入库保存。

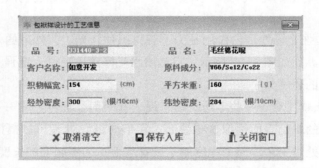

图3-29　包袱样工艺设计界面

包袱样经纬条带设计

二、经纬条带设计

包袱样工艺信息入库保存后，点击"关闭窗口"，进入经纬条带设计界面（或者通过菜单中"包袱样设计"→"经纬条带设计"也可进入该界面），如图3-30所示。

点击"新增经向条带"，进入经纱条带设计界面，如图3-31所示。

首先输入经纱排列文本，经纱排列文本就是色经的排列，它确定了织物的花型。在输入经纱排列文本时应注意：

（1）纱线的选择在 A 到 F 之间，输入方法采用数字、括号加字符。其中数字代表色纱的

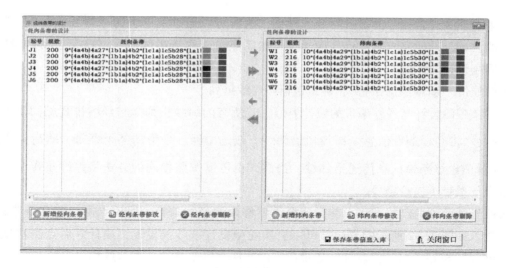

图 3-30　经纬条带的设计界面

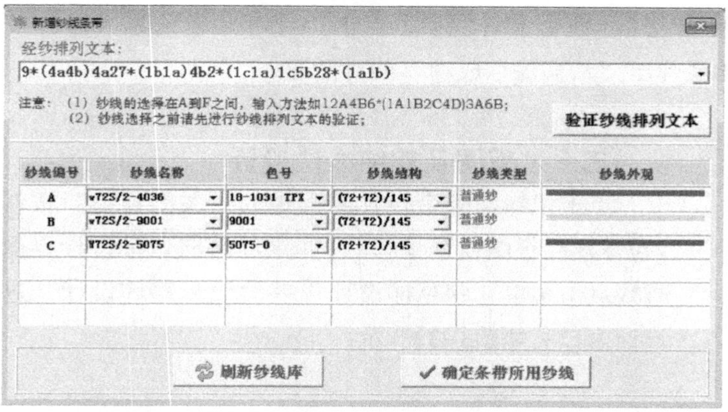

图 3-31　新增纱线条带窗口

根数，字符代表纱线的种类。如果某个排列规律出现多次，可以用括号把它们括起来，如 12A4B6*（1A1B2C4D）3A6B。括号必须是英文状态下的括号，某种纱线排列即使是 1 根，数字 1 也必须写上，如"1A"，字符不分大小写。

（2）纱线选择之前先进行纱线排列验证，再编辑纱线信息。经纱排列文本输入完后，点击"验证纱线排列文本"按钮，以验证经纱排列文本格式是否输入正确，如果格式不正确，系统会报错；如果输入正确，就可以进行纱线的选择了。

纱线选择方法是点击纱线名称中的下拉列表，选择所需的纱线名称，也可以直接输入纱线的名称，或者输入纱线名称前面的几个字符，系统会自动查询，找到所需纱线的名称。纱线名称确定之后，选择色号及纱线结构。所有纱线确定之后，点击"确定条带所用纱线"按钮，系统会弹出一个对话框"您是否还有继续增加纱线条带？"点击"yes"继续增加，点击"no"则关闭新增纱线条带对话框。

如果发现纱线名称中没有所需要的纱线，这时可以通过菜单中的"纱线设计"，进行所需纱线的设计，设计完成后进行入库保存，然后点击"刷新纱线库"，这时就可以在纱线名称中找到刚设计的纱线。

不断通过"新增经向条带"，确定包袱样经纱排列。

纬纱条带的设计与经纱条带的设计类似，若所有的纬纱排列都与经纱排列相同也可通过点击按钮 ▶ 将经纱条带信息全部传递给纬纱。或选中经纱条带的某个条带，然后点击按钮 ➡ 将选择的经纱条带信息传递给纬纱。当然，也可以按照相同的方法将纬纱条带中的一个条带或全部条带传递给经纱。

修改经纱条带信息的方法：首先选择需要修改的经纱条带，然后点击"经向条带修改"按钮，进入如图 3-32 所示的界面。可以更换花型设计或纱线设计，设计好后点击"确定条带所用纱线"按钮即可。修改纬纱条带信息的方法与修改经纱条带信息相似。

删除纱线条带信息的方法：首先选中需要删除的经纱条带，然后点击"经纱条带删除"按钮，即可完成纱线条带的删除。

所有的经纱条带、纬纱条带设计完后，点击"保存条带信息入库"按钮，进行入库保存，如果保存成功会弹出"恭喜保存成功"的对话框。

包袱样纹板图及
穿综方法设计

三、纹板图及穿综方法设计

点击经纬向条带设计界面中的"关闭窗口"按钮，则会自动弹出"包袱样纹板图设计窗口"，如果经纬向条带设计界面没有出现也可以直接点击菜单"包袱样设计"→"纹板穿综设计"进入包袱样纹板图设计窗口，如图3-32所示。

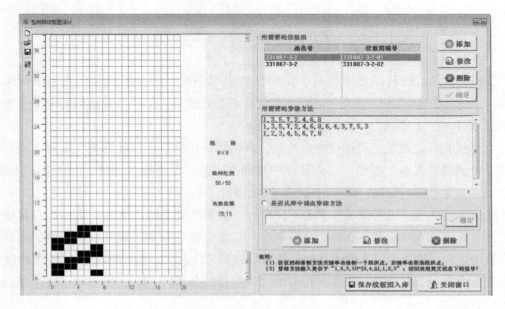

图 3-32　纹板图的设计

1. 包袱样纹板图的设计　在纹板图的右侧可以用鼠标点击需要的纹板图，点击鼠标左键生成一个组织点，如果点错了，可以通过点击鼠标右键清除。快捷按钮 ⬜ 用于创建一个新的纹板图；快捷按钮 📂 用于打开以往已经设计好的纹板；快捷按钮 💾 用于保存已经设计好的纹板图到组织纹板库中；快捷按钮 ↓↑ 用于设置纹板循环；快捷按钮 ✎ 用于擦去纹板图上所有已点的纹板图，用于重新设计。快捷按钮的使用方法跟大样设计中纹板图设计界面的快捷按钮相同。

纹板图设计完后，点击"包袱样纹板图设计"界面右上方的"添加"按钮，包袱样中的某个纬向条带就可以使用该纹板图了。这里最多可以设计八个不同的纹板图，方法就是每个纹板图设计好后点击"添加"按钮继续设计。

纹板图的修改方法：首先选择需要修改的纹板图，然后在纹板图上用鼠标修改，修改完后，点击"确定"按钮，从而实现纹板图的修改。

纹板图的删除方法：首先选中需要删除的纹板图，然后点击"删除"按钮。

2. 包袱样穿综方法的设计　穿综方法的录入可以采用两种方法，一种是采用手工录入的方法。点击包袱样纹板图设计界面右下方的"添加"按钮，弹出如图 3-33 所示的对话框，输入所需要的穿综方法。

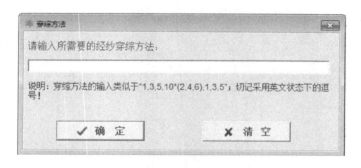

图 3-33　穿综方法录入对话框

在录入的过程中注意：穿综方法的格式为"1,3,5,10 * (2,4,6),1,3,5"、逗号必须在英文状态下。录入完后点击"确定"按钮，弹出一个"您是否还有继续增加经向条带穿综方法?"对话框，点击"yes"按钮继续增加，点击"no"按钮则结束经向条带穿综方法的增加。所录入的穿综方法会显示在"所需要的穿综方法"下面的列表中。

另一种录入方法是直接使用以前已经录入过的穿综方法，方法是选中"是否从库中调出穿综方法"选项，激活下拉列表。如图 3-34 所示，选中所需的穿综方法后点击"确定"按钮，相应的穿综方法就加入"所需要的穿综方法"下面的列表中。

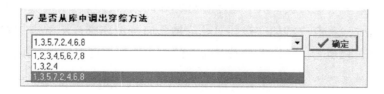

图 3-34　从数据库中调出穿综方法界面

53

条带的穿综方法一次最多只能录入 10 种。

录入的条带穿综方法，如果不合适，可以进行修改。方法是：首先选中需要修改的穿综方法，然后点击"修改"按钮，弹出图 3-35 穿综方法录入对话框，并显示需要修改的穿综方法，直接将其修改成新的穿综方法后，点击"确定"按钮即可。

条带穿综方法的删除：首先选择需要删除的条带穿综方法，点击"删除"按钮即可。

包袱样的纹板图及所用的穿综方法设计好后，点击界面右下角"保存纹板图入库"按钮，就可以进行纹板图和穿综方法的入库保存。

包袱样的生成

四、包袱样的生成

点击包袱样纹板图设计界面的"关闭窗口"，则会弹出"包袱样生成"对话框，进入包袱样的设计与生成界面或直接点击菜单"包袱样设计"→"包袱样生成"进入包袱样的设计与生成界面，如图 3-35 所示。

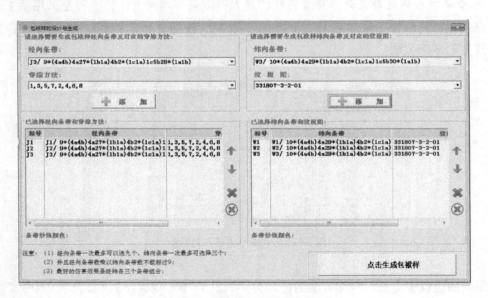

图 3-35　包袱样的设计与生成

点击经向条带下拉列表，从中选择所需的经向条带，然后从穿综方法的下拉列表中选择该经向条带对应的穿综方法，然后点击下面的"添加"按钮，于是所选择的经向条带及其对应的穿综方法就加入下面"已选择经向条带和穿综方法"列表框中，按照此方法，可以添加九种不同的经向条带和其对应的穿综方法，进行包袱样的生成。

同样点击纬向条带下拉列表，从中选择所需的纬向条带，然后从纹板图中选择该纬向条带所对应的纹板图后，点击"添加"按钮，相应的纬向条带和纹板图就添加到"已选择纬向条带和纹板图"下拉列表中。纬向条带及其对应的纹板图最多可以添加三条。

选中相应的经向条带或纬向条带，点击 ⬆ 按钮可以进行条带的上移，比如可以使排在第四的经向条带排在第三。点击 ⬇ 按钮实现条带的下移。选中一个条带点击 ✖ 可以删除该条带，而点击 ✖ 可以删除添加的所有条带。

选择所选的任意条带，在条带纱线颜色处会显示该条带所有纱线的颜色。在选择生成包袱样经向条带及对应的穿综方法及纬向条带及对应的纹板图时应注意：

（1）经向条带一次最多可选择九条，纬向条带一次最多可选择三条。

（2）经向条带数乘以纬向条带数不能超过 9。

（3）最好的仿真效果是经纬各三个条带组合。

包袱样经、纬向条带及相应的穿综方法和纹板图选择好后点击"生成包袱样"按钮，即可生成包袱样效果，如图 3-36 所示。

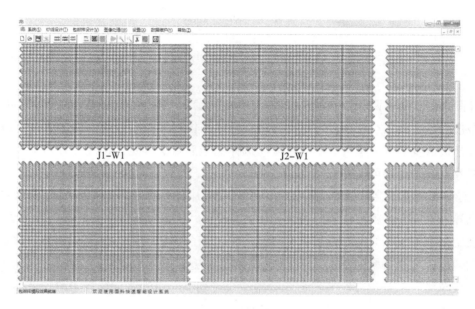

图 3-36 包袱样模拟图

五、包袱样的右键功能

包袱样生成后，在包袱样图像上点击鼠标右键，弹出如图 3-25 所示的弹出式菜单。在菜单中：

"放大"和"缩小"菜单项的功能是实现仿真图像的放大或缩小，以便能够更好地观看织物外观仿真效果。

"恢复 1：1"菜单项的功能是当对仿真图像进行放大或缩小后，可以使用该菜单项快速地使织物外观图像恢复到与实物 1：1 大小显示。

"裁锯齿边"菜单项的功能是让包袱样中每个织物仿真图像边缘加锯齿效果，如果这个选项没有被选中，则不显示锯齿边效果。

"起毛处理"菜单项的功能是对织物仿真效果进行起毛（绒）工艺处理，关于起毛的密度和起毛的长度可以从菜单"设置"→"起毛程度"中设置。

"保存当前图像"菜单项的功能是将生成的某个包袱样外观图像以位图（bmp）的相识保存起来。方法是：在需要保存的某个包袱样上右击鼠标，然后点击"保存当前图像"，会弹出图像保存对话框，如图3-37所示。

图3-37　保存图像对话框

保存图像的大小有两种，一种是按照默认大小保存，默认的大小是400像素×400像素；另一种是按照自定义大小保存，可以自己定义保存图像的大小。保存图像的效果可以选择是否裁成犬牙边以及图像上是否显示品色号。选择完毕后点击确定，出现保存对话框，选择保存的位置及文件名后即可保存。

"当前织物工艺"菜单项的功能是当需要包袱样中的每个包袱样时，可以将该包袱样的工艺信息导入大样中，就可以不用再去进行大样设计，提高设计效率。具体实现方法有两种：一种是在感兴趣的包袱样上右击鼠标，然后点击"当前织物工艺"菜单项；另一种是直接在感兴趣的包袱样上双击鼠标左键，于是该包袱样的信息就导入大样中，如图3-38所示。于是可以通过菜单项"织物设计"查看该织物的纱线排列、所用纱线、纹板图织物经纬密度等工艺信息，点击"系统"→"入库保存"可以把该包袱样单独保存到大样设计数据库中，将来可以直接对它进行打开或修改。

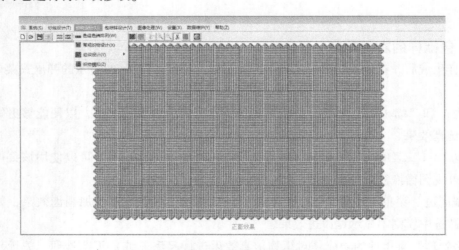

图3-38　包袱样生成大样产品的工艺界面

包袱样设计一次可以实现经纬向各三种以上条带包袱样的设计与仿真，每个条带的经、纬纱颜色可以变化、排列可以变化、纬向条带的组织可以变化（通过变纹板来实现）、经向条带的穿综方法可以变化，在显示器上显示最终的包袱样效果，从而可以使每一个包袱样具有不同的纱线颜色、花型结构、织物组织的功能。

第五节　系统菜单项的功能

系统菜单项的功能包括产品打开、入库保存、图像保存、工艺单打印、包袱样打印、色卡打印及数据的导入/导出等功能。

一、产品信息的打开功能

打开菜单项用于打开一个已经设计好、存放在数据库中的产品，点击进入打开产品界面，如图 3-39 所示。首先选择需要打开的产品类型，包括大样设计的产品和包袱样设计的产品。

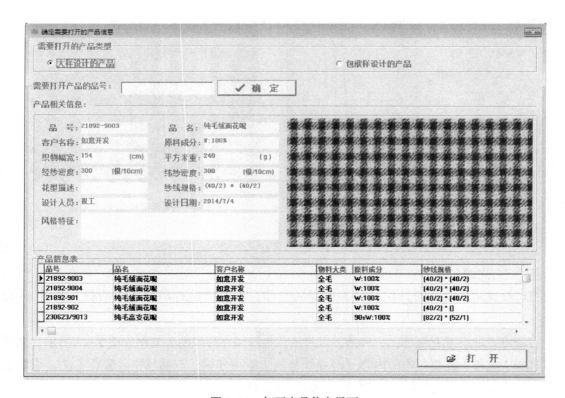

图 3-39　打开产品信息界面

输入需要打开的产品品号，点击"确定"按钮，相应的产品信息如品号、品名、客户名称、物料大类、原料成分等信息就会显示出来，然后点击"打开"按钮，如果产品信息保存完整，该产品的外观效果就会显示在主显示区。如果产品信息保存不完整，会自动进入相应的设计步骤中。

此处输入产品品号查询支持模糊查询，例如，需要查询品号是"21892"的所有色号的产品，则只需输入"21892"后点击确定按钮，于是品号为"21892"的所有产品就会显示出来。这时需要利用鼠标或键盘中"↑""↓"键选择需要的产品，然后点击"打开"按钮，打开需要的产品。

打开一个大样产品后，织物设计菜单项才能够出现；当然也可以通过织物设计菜单项下面的菜单子项进行产品的修改。

二、图像保存功能

图像保存菜单项的功能是将设计好的织物仿真效果图以 bmp 文件的形式进行保存，如果是大样设计，则将设计的产品模拟图进行保存，如图 3-40 所示。可按默认大小保存，也可按自定义大小保存（指定图像的宽、高）；根据需要选择是否裁成犬牙边，是否显示品色号。保存的织物效果如图 3-41 所示。

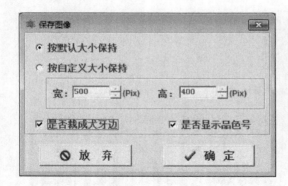

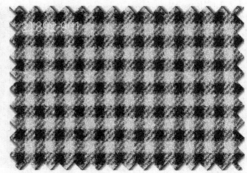

图 3-40　保存图像界面　　　　　　　图 3-41　保存的织物外观图像

三、工艺单打印

打印设置用于大样设计织物仿真效果的打印，点击弹出打印设置对话框，如图 3-42 所示。

打印方式的设置有两种：一种是按正式工艺单打印，打印的工艺单如图 3-43 所示，此时可以选择工艺单上需要打印的内容（经纬纱排列、织物规格、产品风格、穿综方法、织物组织图、所用纹板图），选中的内容打印，未选中的内容则不打印。

另一种是只打印仿真效果图，此时需首先设置打印范围，可以是整页、1/2 页、1/4 页、1/8 页，选择相应的打印范围后，确定相应的打印位置，如图 3-44 所示。如果打印范围是 1/4 页，则打印位置的选择可以是 1 号位、2 号位、3 号位、4 号位四种。

如果选择"打印织物反面仿真效果图"则不仅打印正面仿真效果图，还打印反面仿真效果图。

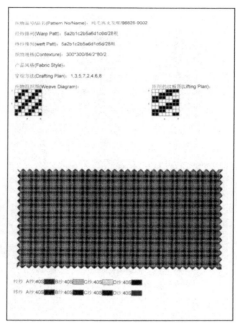

图 3-42　打印设置对话框（工艺单格式）　　　　图 3-43　工艺单格式打印效果

选择完成后，点击"打印"按钮，弹出打印公用对话框，如图 3-45 所示，选择合适的打印机完成打印。

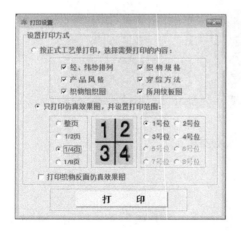
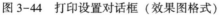

图 3-44　打印设置对话框（效果图格式）　　　　图 3-45　打印对话框

四、包袱样打印

包袱样打印菜单项的作用是生成包袱样的集中打印，每张 A4 纸上打印 6 个包袱样效果图。点击包袱样打印，会弹出如图 3-45 所示的打印对话框，选择合适的打印机进行打印，打印效果如图 3-46 所示。

J1-W1　　　　　　　　　　J2-W1

J3-W1　　　　　　　　　　J1-W2

J2-W2　　　　　　　　　　J3-W2

图 3-46　包袱样打印效果图

五、数据导入/导出

数据导入选项用于将客户端设计好的大样设计数据包的内容导入本系统中，并写入系统数据库中。

点击数据导入菜单项弹出如图 3-47 所示的打开对话框，选择需要导入的数据包，然后点击打开按钮，完成数据的导入。并且对导入的大样产品进行修改。

数据导出菜单项用于将设计好的大样设计工艺及仿真效果导出至数据包中，通过传递数据包，实现异地不同系统之间的数据传递。点击数据导出会弹出如图 3-48 所示对话框，点击保存按钮实现数据的导出。

图 3-47　数据导入对话框　　　　　　　图 3-48　数据导出对话框

第六节　数据维护功能

数据维护功能主要完成系统数据库中数据的增加、删除、查询、修改的功能，实现数据库的存储与管理功能。数据维护包括用户信息的维护、颜色库信息的维护、面料库信息的维护、产品信息的维护等。

一、用户信息的维护

用户信息的维护用于用户信息的管理，包括新增员工、员工信息的修改、员工信息的删除。点击进入员工信息维护界面，如图 3-49 所示。

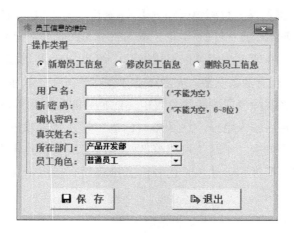

图 3-49　用户信息维护界面

在员工信息维护过程中，首先选择操作的类型，如果是新增员工信息，需要输入用户名、新密码、确认密码、真实信息、所在部门及员工角色。用户名必须是唯一的，必须输入真实

61

姓名，将来就是按照真实姓名在察看工艺，员工角色决定该用户使用系统的权限，管理员的权限是最高的。最后点击保存按钮，完成新增员工信息。

修改员工信息或删除员工信息需先输入用户名后按"回车"键，用户的信息就会显示出来，进行相应的操作后，点击保存，从而完成员工信息的修改或删除操作。

二、颜色库信息的维护

颜色库信息的维护主要用于颜色信息的管理，包括创建企业自身色系、色号对应颜色信息的修改、删除等功能。点击进入颜色库信息维护界面，如图3-50所示。

图 3-50　颜色库信息维护界面

新增颜色用于在相应的色系中建立一个色号，从而对应一种颜色。方法是：在操作类型中选择新增颜色选项，然后选择添加色号所对应的色系，输入相应色号，以及该色号对应的 R、G、B 分量的值；如果用测色仪进行测色，输入 L、A、B 通道的值，然后对应的颜色会显示在预览框内。颜色的编号通常采用1灰2米/驼3黄4咖啡5红6绿7蓝8黑9白方式进行编写。注意：如果不知道 L、A、B 通道的值可以不用填写，但 R、G、B 的值必须填写；在一个色系中，色号必须是唯一的。所有的数据输入完后点击"保存"按钮，从而完成一个色号的新建。

在操作类型中选择修改颜色或删除颜色可以完成色号的对应颜色值的修改或色号的删除。方法是：选中相应的色系后输入色号，然后按"回车"键，如果输入的色号在数据库中，该色号的相关信息就会显示出来，于是就可以修改，修改完成后，点击保存按钮，完成色号信息修改任务；如果操作类型为删除颜色，色号信息出现后直接点击保存按钮能够完成色号信息的删除功能。

三、面料库信息的维护

面料库是存放企业现有的已经生产出来的面料信息，可以将系统设计好的面料直接导入面料库中，也可把企业现有面料的信息录入面料库中，从而方便服装设计人员或企业销售人员使用。

1. 面料信息的查询 面料信息的查询用于查看已有面料的信息或面料信息的删除。点击面料库信息维护→面料信息查询，进入面料信息查询界面，如图 3-51 所示。

面料信息的查询可以按照不同的查询条件进行查询，通过点击查询方式下拉列表，选择查询方式，查询方式包括：品色号、品名、平方米克重、花型描述、原料成分、纱线规格六种方式。其中，品色号、品名、原料成分、纱线规格都支持模糊查询；花型描述按照条子型、格子型、板丝呢、鸟眼、经纬异色、犬牙型、针眼型、变化组织、人字呢、贡呢、驼丝锦及其他进行查询，平方米克重可以查询输入值±5g 范围内的所有产品。选择查询方式，输入对应的查询值后，点击"确定"按钮就完成面料库信息的查询。

查询信息的浏览方法有两种，一种是利用界面下面的"第一条""上一条""下一条""最后条"来浏览信息；另一种是用鼠标点击一下面料信息表中的某个记录，然后用键盘上的"↑""↓"来浏览面料信息。

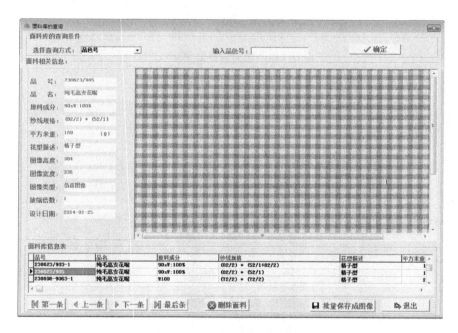

图 3-51 面料信息查询界面

如果某一个面料信息不需要时，可以查询出来后，浏览到该信息后，点击"删除面料"按钮，从而完成面料信息的删除，注意面料信息一旦删除将不可恢复。

系统可以将每一类面料（如条子型、花呢、平方米克重为 240g 左右等）的外观图像一次集中保存成 bmp 图像文件，方便企业销售人员给客户看，从而替代实物样。方法是：首先查询出某一类面料，如格子型，只需在查询方式选择"花型描述"，在花型描述中输入"格子型"，点击确定后，查询出所有的条子型面料，如图 3-52 所示。然后点击"批量保存成图像"按钮，弹出保存对话框，选择合适的文件夹，将这些图像保存在该文件夹下。保存结果如图 3-53 所示，从而完成面料的批量导出。

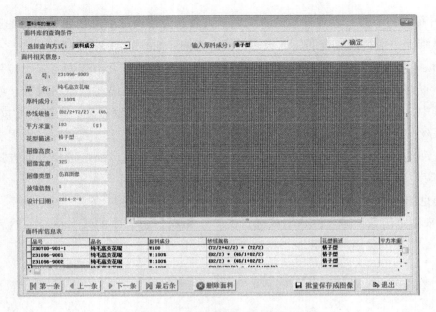

图 3-52　格子型面料查询方法示意图

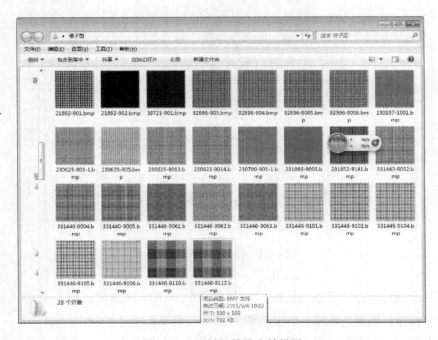

图 3-53　面料批量导出效果图

2. 扫描面料的入库　扫描面料的入库能够将企业已有的，并且不是利用该系统设计生产的面料信息录入面料库中，以便将来服装设计人员或企业销售人员使用。

方法是：首先将面料外观通过扫描仪扫描，并将扫描的图像保存在计算机中，然后点击面料库信息维护→扫描面料的入库，弹出扫描面料入库的界面，输入品色号、品名、原料成分、纱线规格、平方米克重、花型描述、扫描图像的分辨率后，打开扫描后保存在计算机中的图像，如图 3-54 所示。最后点击保存按钮完成扫描面料的入库保存功能。

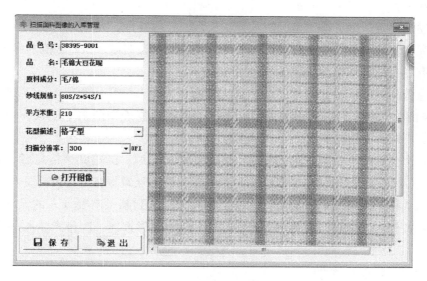

图 3-54　扫描面料入库管理界面

3. 设计面料的入库　设计面料入库的主要功能是将设计好的面料导入面料库中，点击面料库信息维护→设计面料的入库，进入设计面料入库界面，如图 3-55 所示。

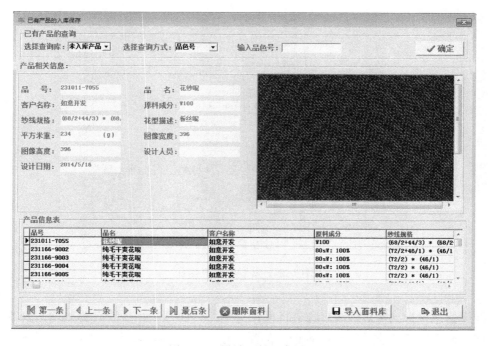

图 3-55　设计面料入库界面

首先选择查询库，包括从全部产品中查询或只从未入库产品中查询两种。然后选择查询方式，查询方式有品色号、品名、平方米克重、花型描述、原料成分、纱线规格、设计人员、设计日期共八种方式。其中，品色号、品名、原料成分、纱线规格、设计人员都支持模糊查询；花型描述按照条子型、格子型、板丝呢、鸟眼、经纬异色、犬牙型、针眼型、变化组织、人字呢、贡呢、驼丝锦及其他进行查询；平方米克重可以查询输入值±5g 范围内的所有产品；设计日期查询在一个日期的起止范围内。

查询信息的浏览方法也是两种，一种是利用界面下面的"第一条""上一条""下一条""最后条"来浏览信息；另一种是用鼠标点击一下面料信息表中的某个记录，然后用键盘上的"↑""↓"来浏览面料信息。

如果某一个设计的产品信息不需要时，可以查询出来后，浏览到该信息后，点击"删除面料"按钮，从而完成面料信息的删除，注意面料信息一旦删除将不可恢复。

选用导入的设计面料查询出来后，通过浏览方式浏览到某条需要导入的设计面料后，点击导入面料库按钮，完成设计面料的入库保存。导入面料库按钮一次只能导入一条记录。

四、纱线库信息的维护

纱线库信息的维护用于设计纱线的查询与删除操作，点击纱线库维护菜单项进入纱线库维护界面，如图 3-56 所示。首先选择显示方式，显示方式包括全部纱线和未使用纱线两种方式，其显示未使用纱线方式只显示纱线库中没有被使用的所有纱线，便于清除纱线库中未使用的纱线。

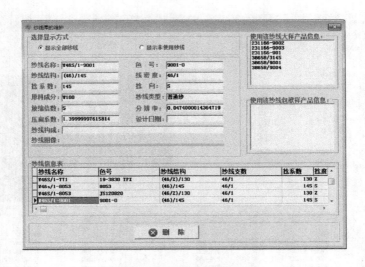

图 3-56　纱线库维护界面

纱线库信息维护支持对纱线名称进行模糊查询，方法是：在纱线名称处输入要查找的信息，然后按回车键，就能进行模糊查询。例如，如果要查询单纱为"72S"的所有信息，只需在纱线名称中输入"72S"后回车，即可显示所有的纱线名称中包含"72S"信息的纱线，包括纱线名称、色号、纱线结构、线密度以及使用该纱线的大样产品信息和使用该纱线包袱样产品信息等。

查询信息的浏览方法：可用鼠标点击一下面料信息表中的某个记录，然后用键盘上的"↑""↓"键来浏览纱线信息。

浏览到某个纱线后，点击"删除"按钮，能够实现纱线从纱线库中的删除任务，但对于已经使用的纱线，不管在大样产品中使用还是在包袱样产品中使用，则该纱线均不能被删除。除非先删除使用该纱线所有的大样或包袱样产品后，才能进行该纱线的删除任务。纱线一旦被删除，将不能再恢复。

五、已有产品删除

已有产品删除菜单项的功能是删除已经设计好的大样或包袱样产品，点击已有产品删除，进入如图 3-57 所示的界面。

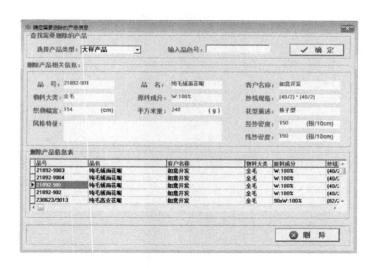

图 3-57　已有产品删除界面

在已有产品删除界面中，首先选择需要删除的产品类型，包括是大样产品还是包袱样产品，然后输入品色号，点击确定按钮，查找需要删除的产品。需要说明的是，这里对品色号的查询支持模糊查询，比如输入"21892"可以查询到品色号中含有"21892"的所有产品。然后用键盘上的"↑""↓"键来浏览查找的产品信息，找到需要删除的产品后，点击"删除"完成产品信息的删除功能。

思考题

1. 简述机织小花纹 CAD 系统由哪些部分组成？各部分主要功能是什么？
2. 简述机织小花纹 CAD 系统的工作原理及应用过程。
3. 简述纱线计算机仿真的基本原理及主要的算法。

4. 在机织小花纹 CAD 系统中，织物组织图生成的方法有哪些？

5. 为什么要建立标准色卡或企业色卡？建立这些色卡有什么好处？

☞ 上机实验

1. 熟悉机织小花纹 CAD 系统的各部分的功能，特别是基础功能的应用，如基础设置、色卡库的建立、组织库的建立、纱线库的建立等。

2. 熟悉大样产品的设计过程，并进行系列大样产品的设计与仿真。

3. 熟悉包袱样产品的设计过程，并进行包袱样产品的设计与仿真。

4. 熟悉机织小花纹 CAD 系统关于织物后整理仿真功能的使用，如扎光、起毛（绒）等。

5. 熟悉机织小花纹 CAD 系统中关于数据维护功能的使用。

第四章 机织物纹织 CAD 系统

本章知识点

1. 提花机工艺参数设计计算方法。
2. 意匠图的勾边设计、影光设计、泥地设计、间丝设计等设计方法。
3. 样卡的设计原理，纹板信息处理原理。
4. 纹织CAD系统功能、结构及使用方法。

随着计算机在各领域的广泛应用，纹织 CAD 系统已经成为纺织提花行业进行产品设计和生产的有效工具，它在许多厂家已部分或全部取代了传统的手工设计，其工作效率和准确性是传统方法不能与之相比的。

纹织 CAD 系统是典型的图形图像处理系统，其开发过程主要包括图形工具的建立、调色板的制作、意匠设计和纹板轧制四个方面。对于前两者要求建立起一套完备的绘制几何工具，而对于后两者则需要按专业的提花织物生成纹样图与实现纹板仿真效果，达到电脑提花的目的。

本章根据提花机工作原理，进行了工艺参数设计以确定纹样尺寸等参数；对扫描的纹样图像进行意匠处理；对意匠图设计中的勾边、影光、撇丝、泥地、间丝技术提出了相应的数学模型；对纹样仿真所必需的样卡设计、目板穿法、绘地组织、纹板轧制进行了建模；考虑了提花织物的光照效应，进行了真实感仿真。

第一节 纹织物 CAD 系统算法建模

纹织物的真实感仿真主要从工艺参数计算、意匠图设计、意匠处理、样卡设计、纹板轧制、配色经色纬规律以及光照效果来对布样进行外观模拟仿真。提花纹织物真实感仿真系统的总体结构如图 4-1 所示。

一、纹织物工艺参数的设计

工艺参数的设计直接影响到纹样的尺寸大小和纹样组织的连续性，是提花纹织物仿真的基础。工艺计算主要是确定纹针数及意匠图纵横格数。

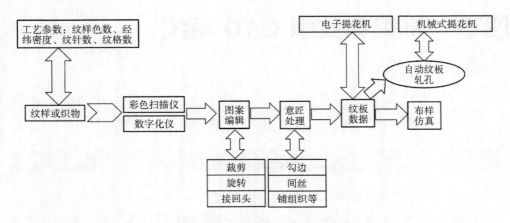

图 4-1　纹织物真实感仿真系统的总体结构

1. 纹针数　纹针数是织造一个基本纹样花型的工艺针数，它的多少主要与花纹幅度、经密大小及把吊数有关。

$$纹针数=\frac{一个花纹循环经丝数}{把吊数×造数}=\frac{成品经密×内幅}{花数×把吊数×造数}=花纹幅数×\frac{经密}{把吊数×造数}$$

其中，把吊数是指一根纹针在一个花纹循环内控制的经丝数；造数是根据花数在目板纵向划分的区域数；花纹幅数也称花区数，即根据花数在目板横向划分的区域数。

$$可用纹针数=实有纹针数-辅助针数$$

根据以上公式初步计算得到纹针数，在应用时一般根据以下原则进行修正：

①选用的纹针数应是花、地组织经丝循环的倍数，否则会使花界处的地组织不能连续，造成瑕疵。对重经或重纬等组织，必须考虑表里花、地组织循环。

②选用的纹针数应是 8 或 16 的倍数，以利于意匠、纹板轧制工作。在电子提花机的装造中，纹针数最好是目板列数的倍数。

③双造时，纹针数按一造纹针数修正；大小造时，按照大造纹针数进行修正，而且大造纹针数必须符合大小造经线比例的倍数。

④选用的纹针数必须小于提花机的实有纹针数。

为便于品种变换，应优先选用以下纹针数：720 针、800 针、960 针、1080 针、1200 针、1280 针、13201 针、1440 针。

2. 意匠图纵横格数　花型纹样通常在意匠纸上进行数学描述。意匠纸的纵格代表经线，横格代表纬线。其工艺计算方法如下：

$$意匠纵格数=所用纹针数$$

确定意匠纵格数时，要考虑装造情况。

（1）单造纹织物。

A. 单造单把吊：纵格数=一花经纱数=纹针数

B. 单造多把吊：纵格数＝一花经纱数/把吊数＝纹针数

（2）分造（区）纹织物。

A. 双造或多造（各造经纱比 1∶1）：纵格数＝一花经纱数/造数＝一造纹针数

B. 大小造：纵格数＝大造纹针数

$$意匠横格数 = \frac{纹样长度 \times 纬密}{纬重数} = 纹样长度 \times 表纬纬密$$

计算后，意匠纵格数应修正为花地组织的倍数，且为 8 的倍数；横格数应修正为花地组织和边组织纬纱循环数的倍数。

通常选用意匠纸时，除考虑织物成品经纬密外，还要考虑织物的组织情况和装造情况。对于不同组织、装造情况得到的纹织物，意匠纸上纵横格子代表意义如下：

①在单经单纬纹织物中，意匠纸上每一纵格代表一根经纱，每一横格代表一根纬纱。

②在重经织物中，意匠纸上一纵格代表重经数，例如，经二重织物是一纵格代表两根经纱。

③在重纬织物中，意匠纸上一横格代表重纬数，例如，纬二重织物的一横格代表两个纬纱。

④双把吊或分造（前后造）穿时，一纵格代表把吊数或分造数的经纱。

意匠图的规格是意匠图纵格密度与横格密度之比，为保证纹织物上的花纹与纹样的比例关系一致，意匠图的纵横格子比例应与织物的经纬密度比相符合。

在确定意匠纸规格的计算中，要考虑到重纬数、把吊数和造数，计算式如下：

$$意匠纸密度比 = \frac{成品经密/（把吊数 \times 分造数）}{成品纬密/纬重数} \times 8$$

计算的数值若有小数点，四舍五入即为意匠规格后面的数值"八之几"。

当 Y_j、Y_w 分别表示意匠纸纵、横格密度时，对于单造单把吊纹织物有：

$$\frac{Y_j}{Y_w} = \frac{经密}{纬密}$$

若取 $Y_w = 8$，则有：

$$Y_j = \frac{经密}{纬密} \times 8$$

二、意匠图绘制及设色处理

意匠图是将设计好的花纹图案画在选定好的意匠纸上并画上组织的示意图，即它是纹样和组织结构相结合的过程，是设计纹织物的一个重要环节。传统意匠绘制是轧纹板及控制经纱运动的依据；如今绘制意匠图采用纹织 CAD 系统，若在电子提花机上织造，可以直接把纹样信息转变为意匠信息，再把意匠信息转变为纹板信息，最后把纹板信息存入磁盘中，用磁盘控制电子纹针提升。

传统意匠绘制是在选定的意匠纸上将设计好的纹样移绘放大，同时根据织物经纬密度、花地组织和装造条件进行组织点覆盖（即填入相应组织），从而绘制成一张意匠图以便用来制作纹板。电子意匠系统，如 CAD 中，将已有纹样进行扫描或者利用系统设计新的纹样后进行相应部分组织即可得到意匠信息。

通常在意匠图上设色是在封闭的图案内进行的，设置不同的颜色表示不同的组织结构。对于传统的机械式提花机，意匠图的不同组织在轧纹板时是按不同的轧法进行的；而对于电子提花机无须轧制纹板即可通过意匠信息控制经纱运动得到不同的组织。

本章借扫描种子算法的原理，再结合意匠图设色的工艺要求，编制了相应的计算机算法。

算法的基本思路是：预先确定一封闭区域内设色填充的种子点，从这坐标值开始向周围扫描意匠格并以选定的设色颜色（调色板的当前颜色）填充意匠网格，直到扫描到边界色后回溯再扫描，这样不断地扫描，直到封闭区域内全部填充完毕。算法描述如下：

```
start：
选定设色的颜色 m_ forecolor，响应 OnRButtonDown（）消息
for（获每一行当前点坐标 x，y 以及该点的 RGB 颜色值 fcolor）
if（m_ forecolor＝fcol）    paint（x，y，color）//填充当前意匠格
next    另一行图像坐标
    Finish
```

勾边设计

（一）勾边设计

纹织物花纹轮廓是由各根经纱的升降形成的，因此必须把纹样的轮廓曲线转化为组织点曲线，这一过程称为意匠图勾边。传统的勾边方法主要是靠设计人员手工完成，即在意匠纸上用彩笔将花纹的轮廓部分占据了半格以上的意匠纸小方格涂满，不足半格则不用涂色。手工勾边不仅费时费力，而且极易出错，同时错误发生之后较难发现，特别是对于大型的复杂的纹样图案。纹织 CAD 系统中，勾边这一工作由计算机完成，更加方便快捷。勾边时既要考虑花组织与地组织的配合及装造条件，以保证花纹轮廓清晰，防止游离组织点的产生，同时又要照顾花纹曲线的圆滑与美观。因而勾边可以分为自由勾边、平纹勾边和变化勾边三种。

1. 自由勾边   当纹织物的地组织为斜纹、缎纹或其他变化组织及不采用跨把吊装造，其勾边不受任何条件限制，只需将纹样轮廓勾得圆滑自如。

2. 平纹勾边   当纹织物的地组织是平纹时，为避免纹样变形，勾边时要与平纹配合。平纹勾边又可以分为单起平纹勾边和双起平纹勾边两种。

（1）单起平纹勾边。纹织物的地组织为平纹，花组织为经花，且为单把吊上机装造，勾边时要求逢单点单，逢双点双。具体地说，就是勾边起始点放在单数横纵格相交或双数横纵格相交的格子里，以后纵横向过渡均为奇数。这样就能保证花组织经浮长与地组织完全吻合，保证意匠图勾边与实际效果一致，否则就会导致花部经浮长与地部经浮点相接，使花纹花部经组织点延伸，从而轮廓变形。

（2）双起平纹勾边。纹织物地组织为平纹，花组织为纬花，勾边时要求逢单点双或逢双点单。

具体地说就是勾边起始点落在单数横格与双数纵格相交或双数横格与单数纵格相交的格子里，以后纵横过渡均为奇数，使花纹轮廓的纬浮点与地部经浮点相接，不致产生花纹纬组织点的延伸。

3. 变化勾边 因机械式提花机中跨把吊、大小造等装造及组织结构的需要，在勾边时纵横格数的过渡宜采用变化勾边。变化勾边种类较多，本章将介绍双针勾边、双梭勾边、双针双梭勾边和三针三梭勾边。

（1）双针勾边。横向以 1、2 及 3、4 纵格为双格过渡单位，纵向自由过渡，目的是防止游离组织点使花纹轮廓不清。这种方法适用于两根纹针为单位的 1、4、2、3 或 1、3、2、4 经纱跨把吊以及大小造 2∶1 花纹勾边。

（2）双梭勾边。纵向以 1、2 及 3、4 横格为双格过渡单位，横向自由过渡，主要用于双把吊上机、两梭纬纱为一组的具有相同的花纹轮廓的情况或者 $\frac{2}{2}$ 经重平及表里纬之比 2∶1 的重纬组织。根据勾边时纵向 1、2 及 3、4 横格双格过渡特点，其对应两横行颜色分布状况相同，对每两行后一行（2×x）实行种子填充子法求出每段花区，之后使两行颜色分布状况一致。

（3）双针双梭勾边。勾边时纵横向均为 1、2 及 3、4 双格偶数过渡，适用于地组织为方平的纹织物。按其勾边特点，可以把纵向 1、2 及 3、4 双格过渡作为一个新的纵向自由过渡，而此时纵向每一格由原来的两格组成。这样转化之后，双针双梭勾边就转化为双针自由勾边，按新的双针自由勾边结束后，把纵向的一格按照原来结合的规律分解成对应的两格，这样就完成了双针双梭勾边。这种勾边方式适用于方平组织等。

（4）三针三梭勾边。勾边时纵横向均为 1、2、3 及 4、5、6 三格过渡，适用于表里经纬之比为 3∶1 的织物，或循环数等于 3 的透孔组织、纱罗组织，或 $\frac{3}{3}$ 方平组织等纹织物。按其勾边特点，可以把纵向 1、2、3 及 4、5、6 三格过渡作为一个新的纵向自由过渡，而此时纵向一格由原来的三格组成。这样转化之后，三针三梭勾边就变成三针自由勾边，按新的三针自由勾边结束后，把纵向的一格按照原来结合的规律分解成对应的三纵格，这样就完成了三针三梭勾边。

勾边设计框图如图 4-2 所示。

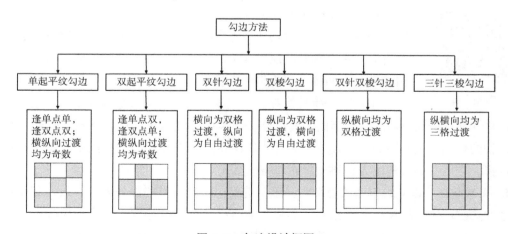

图 4-2 勾边设计框图

由于不同的花纹轮廓的勾边要求不同，所以自动勾边前需输入勾边参数。勾边参数分为：

Gbx：X 方向的勾边纹针数；

Gby：Y 方向的勾边纹针数；

Qbx：为勾边组织 X 方向坐标起点；

Qby：为勾边组织 Y 方向坐标起点。

勾边设计的具体算法如下：

获取种子点勾边颜色到 kbcolor；

for（每一行图像）

  ｛ 扫描读取每一点图像颜色到 dc；

    if（kbcolor 与 dc 不相同） // 判断所读取的图像颜色 dc 是否与种子点颜色 bkcolor 相同；

      ｛

switch（勾边方法） //采用某一勾边方法所需的颜色填充；

｛//采用 3×3 窗口包围每一个图像中心点，再根据中心像素点的勾边属性分别处理；

1. 单起平纹勾边，中心点是单起点，Gbx = 1，Gby = 1，Qbx = 0，Qby = 0；

2. 双起平纹勾边，中心点是双起点，Gbx = 1，Gby = 1，Qbx = 1，Qby = 0；

3. 双针平纹勾边，横向为双格过渡，Gbx = 2，Gby = 1，Qbx = 1，Qby = 0；

4. 双梭勾边，纵向为双格过渡，横向自由过渡，Gbx = 1，Gby = 2，Qbx = 0，Qby = 0；

5. 双针双梭，纵向横向均为双格过渡，Gbx = 2，Gby = 2，Qbx = 0，Qby = 1；

6. 三针三梭，勾边时纵横向均为三格过渡，Gbx = 3，Gby = 3，Qbx = 0，Qby = 1；｝

end if

｝

else｛采用 kbcolor 颜色填充；｝

end if

Finish

影光设计

（二）影光设计

为使一些纹样生动活泼地展现在织物上，可用阴影组织来表达某些具有亮度由明到暗的层次变化的纹样，如受光照的花瓣、树叶等。阴影组织可分为两种：影光组织和泥地组织。

根据影光生成机理，以缎纹或斜纹组织为基础逐步增强或减弱，使组织点从纬面向经面过渡或从经面向纬面过渡，产生的增强组织的组合即影光组织。由于组织点浮长的变化产生不同的反光效果，从而使纹织物具有影光效果。根据基础组织和加强方向的选择，它可分为直丝影光、斜丝影光和横丝影光。

1. 直丝影光 以斜纹或缎纹组织为基础，选经向为组织点的加强方向，故而直丝影光适用于经起花纹织物。根据处理对象的大小和基础组织的经向循环数，可将图像按经向划分为四个区域，即浓、渐浓、渐稀、稀四部分。将浓度值 i 作用于随机函数 RND，取得的组织点的加强长度，使得影光组织变化多端，花纹更加生动活泼，如图 4-3 所示。

生成直丝影光的算法如下：

选取一基本缎纹组织，如五枚三飞纬缎

for（扫描一行图像）

　for（扫描一列图像）

　　计算该点的图像纵向横向格子坐标；

　　判断该图像格子点在该封闭的图形区域内；

　　计算经向加强长度 w；

　　根据 w 得到经向扩展的缎纹组织来覆盖该图像格子；

　next 另一列

next 另一行

Finish

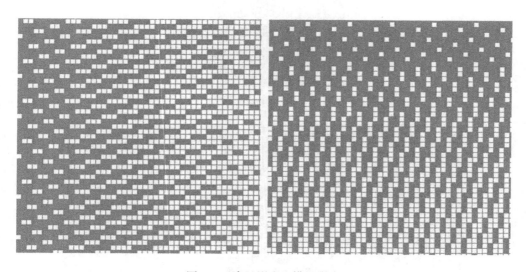

图 4-3　直丝影光、横丝影光

2. 斜丝影光　以斜纹组织基础进行组织加强，根据斜纹组织的特点，组织点以 45°角偏移。同样，根据图像的大小将图像按 45°斜角方向划分成若干区，各区域以不同的权值反映其浓淡疏密。

3. 横丝影光　横丝影光是以斜纹或缎纹为基础，选纬向为组织点的加强方向，故而横丝影光适用于纬起花纹织物。它和斜丝影光的算法与直丝影光原理相似。横丝影光的特点与直丝影光相似。

（三）泥地设计

泥地组织与影光组织稍有不同，它没有一定的基础组织，而是通过自由点绘，使组织点由密集到稀疏呈现不规则排列。泥地组织中因长短不一的纱线浮长相间排列，织物表面对光线形成不同角度和亮度的漫反射，能使纹样形态别具一格。根据泥地的形态，常用的有颗粒泥地、燥笔泥地和冰片泥地。

1. 颗粒泥地　颗粒泥地的阴影效果是由于经纬浮长长短不一所产生的漫反射而达到的。颗粒泥地的形态如一把撒开的米粒，由粗到细，由浓到淡，呈不连续状。一般大颗粒为三四个组织点，小颗粒为一二个组织点。根据纹织工艺的要求，在颗粒泥地的设计过程中以中心点为基点，对半径不断增大的一组同心圆分别用喷笔喷涂。在程序设计过程中，由于系统随机函数的随机性并不令人满意，形成颗粒泥地时，为避免横、直、斜路出现"米"字形，系统对出现"米"字形情形作出判断处理。颗粒泥地的效果图如图 4-4（a）所示。

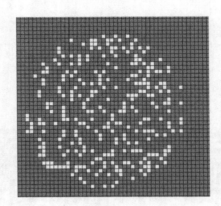

(a) 颗粒泥地

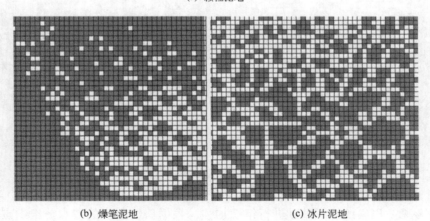

(b) 燥笔泥地　　　　　　　　　　(c) 冰片泥地

图 4-4　泥地效果图

颗粒泥地算法如下：
获取当前种子点颜色
for（每一行图像）
　　　　参照扫描线种子算法，从左至右，从下至上扫描该封闭区内的图像点；随机生成颗粒 x 坐标，生成颗粒 y 坐标；
保存颗粒 x 坐标、y 坐标；

　　while（x，y 坐标不在"米"字形上）

　　　　画出颗粒泥地组织点

　　　　随机生成颗粒 x 坐标，生成颗粒 y 坐标；

　　end while

next 一行图像

Finish

　　2. 燥笔泥地　燥笔泥地有从粗到细的影光，到了最细的地方几乎失去形状和方向，常用于有形状的花瓣和叶子。根据燥笔泥地组织点由浓到淡变化的特点，可将处理对象划分为厚泥地和稀泥地两个区域。利用喷雾方法，每次喷一块，再移动一距离。各个喷雾重复操作的次数决定于所在的区域的大小。由于喷雾重复操作的次数按一定规律（递增或递减）变化，而块内操作受随机函数控制，这就使得燥笔泥地具有一定的随机性。图 4-4（b）所示为其效果图。

　　燥笔泥地算法如下：

　　获取当前种子点颜色

for（每块区域）

　　　　计算该块区域的大小、宽度

　　　　随机生成泥地 x、y 坐标；

　　　　判断每一扫描点在该封闭区内的图像点；

　　　　保存泥地 x、y 坐标；

　　　　while（泥地 x、y 坐标在该封闭区内）

　　　　　　画出泥地组织点

　　　　　　随机生成泥地 x、y 坐标；

　　　　end while

next 另一块区域

Finish

　　3. 冰片泥地　冰片泥地如敲碎的冰块，形状大小不一，有三角形、多边形等大小块状，大的块状十多个组织点，小的也有二三个组织点，块块不相连，不重叠，界路宽窄不一。冰块由小到大逐渐过渡而产生阴影效果，其组织没有规律可循，需要遵循阴影过渡均匀、经纬浮长基本一致的原则。因此，在设计过程中可选择一定大小的虚拟框，从一定大小的色块中心根据虚拟方框在图形对象中的位置来确定裂缝宽度，并向上下左右四个方向作一定程度的延伸扩展，构成一个经纬宽度均不超过一定浮长的不规则多边形冰块。然后，先向纬向再向经向，根据前一冰块所得的边界值确定虚拟方框的顶点坐标，以同样的原理画出下一冰块。冰片泥地的效果图如图 4-4（c）所示。

　　冰片泥地算法如下：

　　获取当前种子点颜色

for（每个不规则多边形冰块）

　　　　选择并计算一虚拟框区域位置、大小、宽度

根据虚拟方框在图形对象中的位置来确定裂缝宽度；

随机生成冰片 x、y 坐标；

判断每一扫描点在该封闭区内的图像点；

while（冰片泥地 x、y 坐标在该虚拟框内）

　　　　构成一个经纬宽度均不超过一定浮长的不规则多边形冰块；

　　画出冰片组织点

　　随机生成冰片 x、y 坐标；

end while

不规则多边形冰块从上下左右四个方向作一定程度的延伸扩展；

next 另一块区域

Finish

（四）间丝设计

意匠的间丝点是指在平涂的纹样块面上加上组织点以限制过长的经纱或纬纱浮长，因此间丝点主要用于切断织物表面纱线浮长，防止纱线上下左右滑移，增加牢度。好的间丝点还能提高纹样的明暗效果、增强花纹的立体感和层次感。通常，间丝的种类有三种：平切间丝、活切间丝、花切间丝。间丝效果如图 4-5 所示。

间丝设计

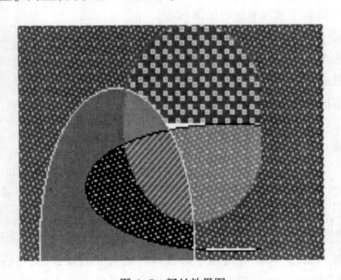

图 4-5　间丝效果图

平切间丝的间丝点是按缎纹、斜纹等有规律的组织进行分布。平切间丝点分布均匀，适宜大面积布局。它具有纵横兼顾的作用，即对经纬方向浮长线都起限制作用。平切间丝在单层及重经、双层纹织物中应用较多；在重纬纹织物中，纹样面积较大时也可应用。纹织 CAD系统提供了一上三下右斜纹、八枚三飞、八枚五飞缎纹以及人工输入间丝组织这几种间丝方法，它们都是按平切间丝的方法来实现。

活切间丝又称自由间丝或顺势间丝，活切间丝的间丝点是顺着花形叶脉的姿态点绘而成，使间丝点成为花纹的一部分。由于这种间丝点规律性小，只能通过类似意匠修改的方法直接点绘间丝点。因此，活切间丝既切断了长浮长线，又表现了纹样形态，但通常智能切断单一方向的浮长，故而大多应用于重纬纹织物中，单层和重经纹织物中有少量应用。

花切间丝又称花式间丝，花切间丝的间丝点是按着一定的曲线或几何图形来分布的间丝方式。花切间丝通常以人字斜纹、菱形斜纹、曲线斜纹等斜纹变化组织为基础，它不仅能起到限制浮长的作用，还能使纹样形态变化多样。采用了手工间丝与自动间丝相结合的方式，提供了一个人工输入意匠组织的对话框。此对话框定制了一个最大只有 16×16 的花切间丝组织，通过输入一些有规律的组织可实现花切间丝。

1. 手工间丝　间丝设计的实现过程与设色的实现过程有些类似，通常在封闭的图案内进行间丝。可预先确定一封闭区域内间丝填充的种子点，设定相应的间丝设计标志，调用间丝处理函数进行间丝点的绘制。间丝处理函数内根据不同的间丝组织对间丝组织数组 A 进行赋值，定义了一个大小为 16×16 的数组 A［16］［16］来保存间丝组织。变量 N_1、N_2 分别表示经向与纬向组织循环数，N_1 与 N_2 均要求是大于等于 0 小于 16。对于平切间丝的某些固定的组织，对数组 A［16］［16］（数组 A［16］［16］在每次调用时先对数组全部清零，然后进行上面的赋值，1 表示该组织点是经组织点，0 表示该组织点是纬组织点）定义如下：

（1）一上三下斜纹：A［0］［0］＝A［1］［1］＝A［2］［2］＝A［3］［3］＝1，N_1＝N_2＝4。

（2）八枚三飞缎纹：A［0］［0］＝A［1］［3］＝A［2］［6］＝A［3］［1］＝A［4］［4］＝A［5］［7］＝A［6］［2］＝A［7］［5］＝1，N_1＝N_2＝8。

（3）八枚五飞缎纹：A［0］［0］＝A［1］［5］＝A［2］［2］＝A［3］［7］＝A［4］［4］＝A［5］［1］＝A［6］［6］＝A［7］［3］＝1，N_1＝N_2＝8。

程序在绘制间丝点时，通过扫描用户选定的间丝区域，按以上的某一种组织进行绘制。这个算法十分复杂，需要多次的扫描回溯，并用到堆栈来记录回溯网格的位置。

2. 自动间丝　自动间丝采用与手工间丝不同的是，采取了目前最为流行的图形扫描方法，对图形中相同颜色的区域用同一种组织去填充。相对手工间丝而言，它提高了速度，但不如手工间丝灵活。自动间丝首先调用 ZDJS（）函数，然后调用 JS（）函数进行间丝点的绘制，JS（）函数会根据自动间丝对话框中的索引值确定不同色区对应的不同组织。手工间丝采取了串行的办法，而自动间丝因为对于不同色素要用不同的组织，所以采用了并行的方式，实现的难度增加了许多。数据的传递、绘图、动态变化要采用高级对话框编程，难度系数增大了许多，实现起来相对困难。采用传统的组合框和字符串数据类型已不能达到要求，而变量的定义已不能用常规方式。因此，采用数组运算，使得绘制间丝过程简单易行。而传递数值用了求取索引号的方法，也可以满足用户的需求。其算法流程如下：

start：
for（扫描第一行图像颜色到 fcolor）
　if（扫描点是第一点图形）

设置 first 为 false；

色素数组长度置 1；

色素值存入数组；

保存当前颜色到 oldcolor；

end if

获取该点像素值 fcolor 与前一颜色 oldcolor 比较；

if（fcolor=oldcolor）continue；//继续下一行扫描；

oldcolor=fcolor；//替换前一点色素值

if（与数组中元素比较不相等）

存入数组；

end if

next 继续扫描下一行图像

Finish

最后的间丝则通过将 Memory 数组传入 DLGZZ2 类中绘制矩形色条，选择填充方式，数据传入视图类，调用 ZDJS（）函数完成自动间丝功能，获得纹样图。通过间丝得到的纹样图，如图 4-5 所示。

根据扫描种子算法的原理，结合意匠图间丝的工艺要求，编制了相应的计算机算法。间丝设计的基本思路是：预先确定一封闭区域内设色填充的种子点，从这坐标点开始向周围扫描意匠格并以选定的间丝组织填充意匠网格，直到扫描到边界色后回溯再扫描，这样不断地扫描直到封闭区域内全部填充完毕。间丝设计的具体算法如下：

subroutine js（int x, int y, COLORREF color）//间丝设计

{int savex，/＊保存点/xright，/＊右端点＊/xleft，/＊左端点＊/search；/＊寻找条件＊/

布尔条件：NC—当前色等于种子点色；YC—当前色不等于种子点色；

BJ1—当前点在边界外；BJ2—当前点在边界内。

获取当前种子点颜色 bkcolor=GetPixel（x，y）

design_ clr=color；js（x，y，design_ clr）；//执行间丝处理

pushx（x）；pushy（y）；//把当前坐标点压堆栈

while（px 不等于 0 或 py 不等于 0）//堆栈不空

{x=popx（）；y=popy（）；//弹出堆栈

js（x，y，design_ clr）；//间丝处理

savex=x；x+=x_ w；//x_ w—格子宽度

获取当前点颜色 cvolor=GetPixel（x，y）；

while（color=kbcolor）//往右搜寻当前色等于种子点的点，循环执行间丝处理

{js（x，y，design_ clr）：x+=x_ w；}

end while

```
        xright=x-x_ w；//保存右端点
    x=savex-x_ w}；//恢复种子点
        while（color=kbcolor）//往左搜寻当前色等于种子点的点，循环执行间丝处理
    {js（x，y，design_ clr）；x-=x_ w;}
        xleft=x+x_ w；//保存左端点
    x=xright；
        y+=y_ h；search=1；//y 方向加 1 个高度单位
    while（x>=xleft）//当 x 大于左边界
    {if（search==1）
        if（NC&&BJ2）{pushx（x）；pushy（y）；search=0;}
        else {if（YC| | BJ1）search=1;}
    x-=x_ w；             }
    end while
    x=xright；y-=2*y_ h；//y 方向减 2 个高度单位
search=1；
    while（x>=xleft）//当 x 大于左边界
    {
if（search==1）{if（NC&&BJ2）{pushx（x）；pushy（y）；search=0;} }
        else {if（YC| | BJ1）search=1;}
        x-=x_ w;}          }
        end while             }
    end sub
```

进行间丝点设计时，应注意以下几点。

①间丝点之间的距离取决于纱线浮长，其与花纹光泽、织物牢度两个方面有关，必须两者兼顾。一般纹织物的经、纬浮长小于 3～4mm。根据不同品种的经纬密度、组织结构和装造情况，可预先算出意匠图上间丝点相距的纵横格数。其经纬最大浮长的纵横格数可按下式计算：

$$间丝点间隔的最大纵格数=\frac{织物上纬纱最大浮长（cm）×成品经密}{把吊数×分造数}$$

$$间丝点间隔的最大横格数=\frac{织物上经纱最大浮长（cm）×成品纬密}{纬重数}$$

②单层纹织物的间丝要纵横兼顾，即经纬浮长同时考虑。重经纹织物中的经花间丝只需考虑纵向经浮长，重纬纹织物中的纬花间丝只需考虑横向纬浮长。

③在重经或重纬纹织物中，当里组织为平纹时，为防止平纹露底，表层花纹的间丝点需要配合平纹，即经间丝点需逢单点单或逢双点双，纬间丝点需逢单点双或逢双点单。

④对于需要棒刀和纹针配合提升的间丝，无论在花纹轮廓内或花纹边缘上都必须点足。

其他在花纹轮廓边缘处的间丝一般可不必点足，俗称抛边，以便花型轮廓饱满。抛边一般为 1~3 格。当间丝由棒刀或伏综提升时，意匠图上不必点出。

⑤间丝点应点得完整、清晰、位置正确，便于纹板轧孔。

三、纹板样卡设计

样卡

在织造不同品种的纹织物时，由于纹样尺寸、花数和经线密度的不同，实际使用的纹针数就各不相同。另外，纹织物生产中需配置控制边纱和辅助装置的纹针，如边针、棒刀针、梭箱针、投梭针等辅助纹针，因品种不同其数量也不相同。因此，必须对全部纹针进行合理安排，确定纹针、边针及其他辅助针的位置，此称纹板样卡，简称样卡设计。对于机械式提花机织造的纹织物在纹板轧孔前，必须首先设计好样卡，使每根纹针在各张纹板上有固定的位置，并和装造工作的通丝吊挂相一致。而对于电子提花机织造的纹织物，纹板样卡上确定纹针和辅助针的数量和位置，是纹织 CAD 系统生成的电子文件。

1. 设计样卡的基本要求

（1）样卡上的纹针数应等于意匠图纵格数。若织物为分造装造，样卡上必须划出分造界线并指明造数；若织物为混合装造，样卡上需划出各花纹。

（2）界线并注明花纹名称。

（3）在样卡上应标明各辅助针的位置。

（4）样卡正面首端应该用文字表明，以免搞错。

（5）样卡设计应便于轧花操作和保持纹板不易破损，对有棒刀装置的织机，还需考虑提花机负荷均匀等问题。

2. 设计样卡时的注意事项

（1）当纹针有多余时，首先，清空零针行；其次，清空零针行旁边的整行，以利于轧花和保护纹板，同时可减少因编带线结子遮盖孔眼而造成的少许病疵。样卡和纹板一样，以大孔为界分为三段，各段应用的纹针数应基本均匀，以便提花负荷均匀。前后段应尽量安排得相同，这样在轧花或装造时万一发生样卡掉头放错，也可避免返工，同时也便于左手织机掉头使用。

（2）应用零针行时，一般最多为十二针，以保护大孔周围纹板的牢度，并使每段零针数之和为 8 的倍数，以方便轧花工作。

（3）边针最好排在纹板首端，（在电子提花机上，边针一般安排在纹板的首尾两端）不要夹在中间，利于挂边时在机前分左右。

（4）棒刀针均匀地分布在纹板首尾，不能夹在纹针中间，以使提花机负荷均匀，同时，可避免棒刀麻线夹起通丝。

（5）梭箱针、投梭针等辅助纹针可以安排在机前或机后零针行或其他方便的地方。

（6）对于电子提花机的样卡设计，要根据电子提花机龙头的类型和规格，利用纹织 CAD 系统形成样卡文件；在样卡文件上连续且前后均匀地安排主纹针，边针一般安排在纹板的首位两端，其他辅助针根据需要安排在纹板的首端或末端。

在纹板样卡纸上，用各种不同的颜色代表不同类型的针。通常用一个矩阵表示纹板样卡，用数字代表各种针孔。如"0"代表空针，"1"代表纹针，"2"代表棒刀针，"3"代表小边针，"4"代表大边针等。纹板样卡类型有100号、400号、600号、900号、1400号、2600号等六种。利用表格技术，可实现上述六种样卡的定义。图4-6（a）所示为900号样卡。

投梭

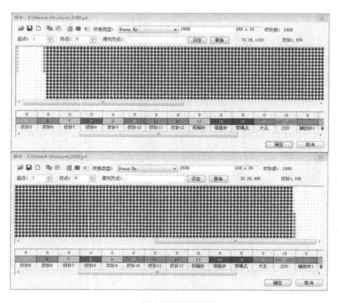

(a) 900号样卡

(b) 2688针电子提花机样卡

图4-6　设计样卡

　　样卡设计只是为纹板轧制提供提综数据位和辅助针控制数据位的模板文件。由于样卡的形状和表格比较相似，而在定义、修改样卡时，也需修改每行每列的各元素，而表格正具有这些功能，因此可采用表格技术对样卡进行设计。设计的样卡可以在样卡编辑器中用鼠标左键拖动拉出蓝色编辑框，再在弹出的选用框菜单中，选 "1/2/3/4/" 来整体填充。其中："1" 表示主纹针；"2" 表示锁边针，"3" 表示停卷针，"4" 表示起或落毛针。

　　对于 ZDJW 纹织 CAD 系统，电子纹板可以根据不同电子提花机龙头规格而设计。根据纹板样卡类型设定纹针数量，系统规定好不同的纹针用不同颜色表示，依照样卡设计原则在每行每列的相应位置填入相应颜色的纹针，如梭箱针、边针、主纹针等，即可完成电子纹板的设计或修改。图 4-6（b）所示为 2688 针电子提花机样卡。

四、绘制地组织

　　绘制地组织是在用户选择某一组织后，计算机直接响应绘图计算。从给定的坐标值开始向周围扫描意匠格并以设定的经纱、纬纱的颜色（调色板的前景色与背景色）填充意匠网格，直到扫描到边界后再回溯扫描，这样不断地扫描直到意匠网格全部填充满完毕。

　　织物组织图是绘在意匠纸上的，而且形状又与一个二维矩阵相似，因此，可以用一个二维矩阵来对它进行描述。

　　在组织图上，组织点只有两种，一种是经组织点，用⊠表示；另一种是纬组织点，用□表示，而且组织图又明确地表明了它由 n_1 根纬纱和 n_2 根经纱构成。因此，只要定义一个二维的、由 $n_1 \times n_2$ 个元素且每个元素为 0 或 1 的矩阵，就可以表示出组织规律。设组织矩阵为 F，则

$$F = \begin{pmatrix} a_{11} & a_{12} & \cdots & a_{1j} & \cdots & a_{1n_2} \\ a_{21} & a_{22} & \cdots & a_{1j} & \cdots & a_{2n_2} \\ \vdots & \vdots & \vdots & \vdots & \vdots & \vdots \\ a_{i1} & a_{i2} & \cdots & a_{ij} & \cdots & a_{in_2} \\ \vdots & \vdots & \cdots & \vdots & \cdots & \vdots \\ a_{n_1 1} & a_{n_1 2} & \cdots & a_{n_1 j} & \cdots & a_{n_1 n_2} \end{pmatrix}$$

　　其中，$a_{ij} = 0$，1；$i = 1$，2，$\cdots$，n_1；$j = 1$，2，$\cdots$，n_2。当 $a_{ij} = 1$ 时，⊠表示经组织点；$a_{ij} = 0$ 时，□表示纬组织点。

　　例如：

$$F^{\frac{2}{2}\uparrow} = \begin{pmatrix} 0 & 0 & 1 & 1 \\ 0 & 1 & 1 & 0 \\ 1 & 1 & 0 & 0 \\ 1 & 0 & 0 & 1 \end{pmatrix}$$

　　显而易见，这样规定的矩阵与组织图具有一一对应的关系。组织的设计所对应的算法描

述如下：

　　Start：// 地组织设计

　　输入组织的第一根经纱组织点规律 Z；

　　求出经组织大小 N1，纬组织大小 N2；

　　输入飞数 ｜PZ｜≤N1−1；

　　if（PZ≥0）PZ=N1+PZ；end if

　　将 Z 输入矩阵第一列；

　　按 PZ 产生其余元素；

　　Finish

五、纹板轧制制作模型

（一）纹板简介

　　纹板是控制提花织机的信息媒体，是纹织 CAD 系统输出的最终产品。目前，国内提花织造行业主要采用断续式纹板，进口的少量提花机上采用连续式纹板。提花纹织物品种规格很多，提花龙头及纹板也有许多种规格。断续式纹板有 16 针、12 针和 8 针等多种类型，有1960 号、1480 号、1200 号、960 号等规格。对于纹板的规格、尺寸要求已有部颁标准。每块纹板根据织物需要结合装造条件要选轧纹针、棒刀针、边针、梭箱针、投梭针、停撬针和换道针等。由于各种织物采用的纹针数、棒刀针数、边针数以及装造类型不同，每个品种织物的各种针孔在纹板上的位置安排也不同。传统工艺中对不同品种织物的纹板由纹板样卡表示，在样卡上标明该品种所需的各种纹针以及它在纹板上的位置。

　　1. 纹板信息处理　　纹板信息处理就是根据意匠图数据文件、样卡及对边针、辅助针等的具体要求，将它处理成"0""1"信息组成的纹板数据文件，其中"0"对应纹板无孔，"1"对应纹板有孔，辅助针组织可由意匠图组织库调出。用这个数据信息控制纹板冲孔机工作，可自动冲出纹板。

　　纹板信息只用"0""1"两个数码，可用二进制数表示。现以样卡主要规格（16×98）为例，可将 8 个针信息压缩成一个字节，一张纹板占用 196 个字节，即两个记录，这样更节省空间，传输速度更快。

　　2. 纹板轧孔　　纹板轧孔又称轧花，是根据意匠图将花、地、边及间丝组织在纹板上进行轧孔的一道工序。纹板上有无孔眼是提花机纹针提升与否的信息。纹板上有孔表示纹针提升（经线提升），纹板上无孔表示纹针不提升（经线不提升）。每张纹板代表一根纬线，反映出在该纬线投入时，经线的提升情况。纹板轧孔是在专门的轧孔机上进行的。轧纹板前，在每张纹板的一端编好号码，编号的一端为首端，有号的一面为正面，这样每张纹板就有首尾表背之分，依次排列整齐后放在纹板箱内。轧孔时，依次从 1 号轧至末号，正面朝上，首端先轧。

　　纹板上各个纹孔的位置是否需要轧孔，是根据意匠图上的设色符号来决定的。纹板上的有效纹针的位置，由纹针样卡来确定，确定样卡后，纹板上的纹孔与意匠图上的组织点将实现一一对应的关系。当织物为正织时，对应意匠图上的组织点为纬组织点时不轧孔，为经组织点时轧孔；当织物为反织时，对应纬组织点则应轧孔。除特殊情况外，平纹组织的正织和反织轧法相同。

（二）纹板信息生成

一幅意匠图只有变换成纹板信息后才能控制织机织出如意匠图图案所示的织物来。即使是电子提花机，意匠图也需变换成电子纹板才能控制织机上的纹针动作。因此，必须将意匠图信息变换成纹板信息。

在织造工艺中，每一梭子或每一纬线对应着一张纹板，每一意匠横格对应着一定数量的纹板，而每一意匠纵格对应着每张纹板上一定数量的孔。另外，每张纹板还有一些孔控制织机辅助装置的纹针，叫辅助针。通常辅助针有梭箱针、边针、棒刀针、停撬针等，而纹板上纹针及辅助针的排列次序由样卡确定。在纹板信息变换中，意匠图中的每一色块信息按一定的组织变换成相应的纹板上的纹针孔信息，即轧孔与不轧孔，而各种辅助针也存在各自的变换规律。在纹板信息变换时，系统将意匠图上的一行信息根据预建立的轧孔组织库与色号对应关系信息和样卡资料变换成纹板信息，存入纹板数据文件中。

纹板信息生成的过程算法如下：

（1）输入纹板的造数、重数。

（2）建立组织色号的对应关系。

（3）产生纹板的各种要素的有效检查，显示将要建立的纹板信息，包括样卡、重造数、抛道等信息。若无效，转（7）。

（4）建立组织（或意匠、多造、抛道等）纹板。

（5）显示纹板、待用户检查纹板的正确性之后，确定是否保存纹板；若不保存，转（7）。

（6）保存纹板。

（7）返回。

纹板信息变换原理如图 4-7 所示。

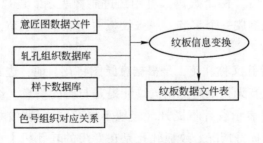

图 4-7　纹板信息变换原理图

建立纹板信息的生成算法描述如下：

Start ：//纹板信息建立的算法

　　输入轧孔组织资料；

```
    选择纹针样卡；
  for（读一行意匠图数据）
    登记行号 N；
  指针指向纹板第 N 行
  for（第 N 行，指针指向的第几针）
    if（当前数据是纹针区）
  纹针坐标变换及查表组织处理；
  end if
    if（当前数据是辅助针区）
  辅助针查表变换；
  end if
        next 指针指向下一针
        纹板数据存盘；
  next 下一行意匠图数据信息
```

第二节　机织物纹织 CAD 系统设计

纹织 CAD 系统主要由工艺参数设计、纹样绘制、意匠处理、样卡设计、目板穿法、纹板轧制和布样仿真等部分组成。

纹织 CAD 系统的主要功能包括：

（1）对纹样可进行一次性扫描或分块扫描后再进行图案拼接。可以确定纹样色数、经纬密度、纹针数、方格数等织物规格数据，在屏幕上显示意匠图效果。

（2）对组织图或图案可以进行任意裁剪、旋转、组合、接回头、叠加变色等图案编辑及纹样设计处理。

（3）可随意修改小样意匠图、去杂色点、进行勾边、间丝设计、辅助组织处理等。

（4）根据意匠图、纹版样建库，自动进行纹针和辅助针处理。

（5）按照纹版处理信息，用计算机控制打孔机自动轧纹版或直接控制经纱运动。

（6）布样仿真。

一、纹织物设计与纹织 CAD 系统设计特点

纹织物是指呈现纹织图案的织物，多数采用色经色纬以多种组织形式交织，并在提花机上制织而成。纹织物设计包括规格设计和纹织工艺设计两大部分。规格设计主要包括幅宽、密度、原料、经纬组合、装造形式、平方米重量和工艺流程等设计内容；纹织工艺设计主要有纹样、经纬丝配色、意匠绘法和轧花编制等设计内容。此外，还有意匠绘制、轧花等后道工序。如这些设计工作由人工完成，速度慢、耗时多，特别是大型纹样、多层组织、泥地、

花切间丝的提花纹织物，仅意匠绘制和轧花就要耗时数月。这显然和当今市场快速、多变的特点很不协调。

纹织 CAD 系统是用于纹织物设计的专用系统，它利用计算机强大的计算功能和高效率的图形处理功能，改造传统的纹织工艺，实现纹织工艺设计自动化。

（1）对纹样可进行一次性扫描或分块扫描后再进行图案拼接，可以确定纹样色数、经纬密度、纹针数、纹格数等织物规格参数，在屏上显示平涂意匠图效果。

（2）对组织图或图案可以进行任意裁剪、旋转、组合、接回头、叠加变色等图案编辑及纹样设计处理。

（3）可随意修改意匠图、去杂色点、进行勾边、间丝设计、辅助组织处理等。

（4）根据意匠图、纹板样卡建库，自动进行纹针和辅助针处理。

（5）按照纹板处理信息，用计算机控制打孔机自动轧纹板或直接控制经纱运动。

二、纹织 CAD 系统总体设计结构

纹织 CAD 系统充分利用了 VC++6.0 提供的可视化环境，它封装了各种绘图功能（画线、画圆、画矩形等），意匠处理中的间丝，设色修改纹样等各项操作。另外，在用户输入工艺、织物组织、显示纹板功能上取用由 Cdialog（对话框）类派生的各种具有不同功能的对话框类，如 Srgy 对话框类（提示用户进行工艺参数设计）、Xsgy 对话框类（用于显示工艺参数）、Srzz 对话框类（用于输入织物组织）、Dlgzz 对话框类（用于设定颜色填充组织）等。纹织 CAD 系统的结构如图 4-8 所示。例如，市场上使用较为广泛的 ZDJW 纹织 CAD 软件也有类似的结构。

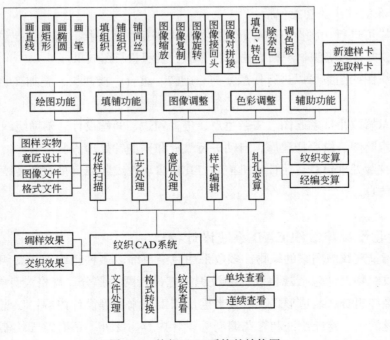

图 4-8　纹织 CAD 系统的结构图

（一）界面设计

考虑到图像处理的方便，纹织 CAD 系统采用多文档（MDI）界面。参照现在流行的图像处理程序的设计，它采用了多工具条和菜单相结合的工作方式；根据 Windows 的界面标准和 CAD 的功能设计，它的主菜单中包含文件、编辑、查看、画图、图像变换、颜色处理和图像处理等主要的菜单项。纹织 CAD 系统包括四个可浮动安置的工具条，即主工具条、画图工具条、画图设置工具条和文字工具条。

（1）主工具条包括文件、编辑、图像变换、颜色处理和图像处理等主要操作。

（2）画图工具条中包含所有的画图工具，如画笔、橡皮擦、矩形等。

（3）画图设置工具条和文字工具条中包含线型、线宽、画线和填充的颜色等操作。

（4）文字工具条中包含文字工具，还包括对齐方式等操作。

它的状态条中应显示图像大小、颜色位数、当前光标位置、长度单位信息。不同纹织 CAD 系统的界面设计如图 4-9 所示。

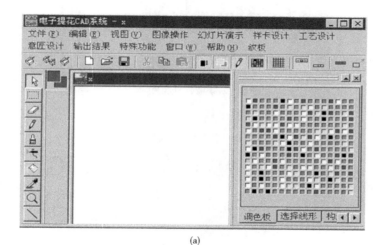

(a)

(b)

图 4-9　提花纹织物界面设计

（二）工艺设计

纹织 CAD 系统提供了一个工艺参数输入菜单，如图 4-10（a）所示。根据菜单的提示，可输入机型、辅助针数、织物品种、花区成品宽、纹样长度、花数、装造形式、造数、把吊数、重纬数、基础组织循环经纱数、纬纱数和经纬纱排列比等。根据所输入的参数进行工艺计算，可得出纹样大小、经线数和纬线数等，并可生成相应的工艺文件。而 ZDJW 纹织 CAD 系统提供意匠设置菜单更为简洁，如图 4-10（b）所示。输入单位纹样长度、宽度、经密、纬密、经纬纱线组数等，可生成相应的空白意匠。

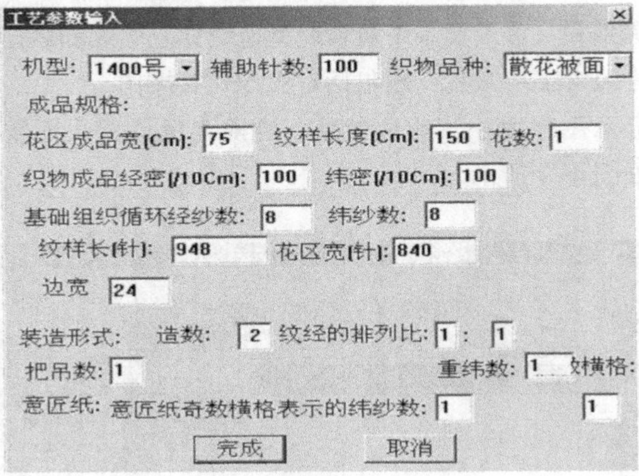

(a) 工艺参数输入菜单

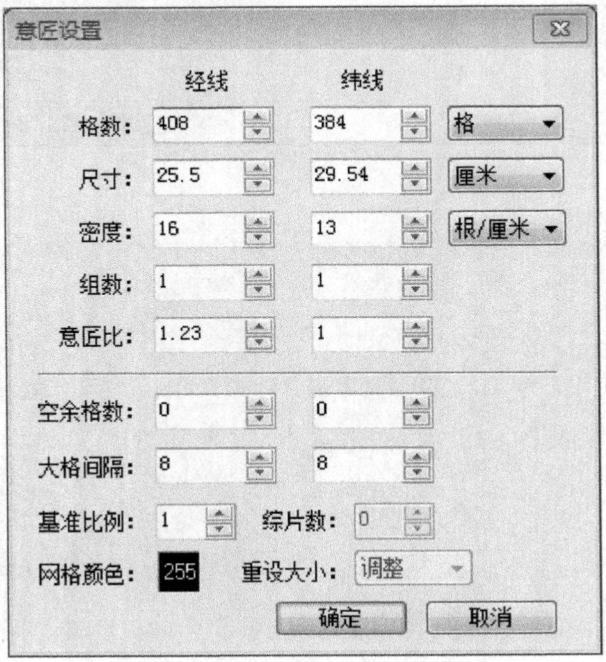

(b) 意匠设置菜单

图 4-10　输入工艺参数模块

（三）意匠图的绘制和处理

经扫描或数码设备将图形输入后，一般要进行意匠图的绘制。由于提花纹织物意匠图一般都是由一些封闭的几何图形组成，系统中设计了画椭圆、圆、圆角矩形、点、直线、自由线、多边形、贝塞尔曲线等简单的绘图操作，这些功能基本上满足了绘制意匠图的要求。

意匠设置

由于每个意匠设计中都需要一个单独纹样图，因此，在每次新建一个意匠设计时，都应先初始化一个内存位图（Memory BitMap）。这个初始化过程有两个作用：其一，在还没有输入设计的意匠参数时提供用户一个简单的画图界面；其二，在输入设计意匠参数后可调用此初始化过程。这时只需改变其初始化参数即可重新初始化一个新的位图，此位图所保存的数据就是纹样图的信息。这样，空的内存图初始化完成，它只是计算机内存空间中空出一块内存区域。以后用户可以通过一系列的绘图操作对这空位图进行点、线、圆等的增加，使它成为所需要的意匠图样。

在意匠图绘制后，一般要进行勾边设计、间丝设计、影光、泥地等意匠处理。

1. 勾边设计　纹织 CAD 系统提供的勾边类型有单起勾边、双起平纹勾、双针勾边、双梭勾边、双针双梭、三针勾边、三梭勾边和三针三梭勾边。勾边效果如图 4-11 所示。

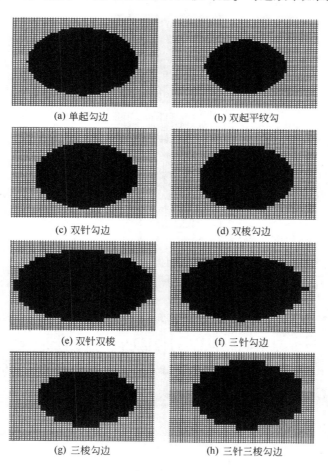

(a) 单起勾边　　　　　　　(b) 双起平纹勾

(c) 双针勾边　　　　　　　(d) 双梭勾边

(e) 双针双梭　　　　　　　(f) 三针勾边

(g) 三梭勾边　　　　　　　(h) 三针三梭勾边

图 4-11　勾边效果图

2. 间丝设计 当用鼠标在某一封闭颜色区域内选取一点后，按右键即可弹出间丝组织选用菜单。当选用某一间丝组织后，系统可自动地在该封闭区域内用该间丝组织填充整个区域。间丝设计效果如图 4-5 所示。

在 ZDJW 纹织 CAD 系统中，利用间丝功能 ▨ 并且配合排比距设置功能，可将单组间丝效果生成一组可接回头的间丝，此外可用绘图工具中的各类曲线功能手动绘制间丝或者根据意匠图形（或选区）轮廓，自动生成顺势间丝 ◐ 或顺势轮廓线。

3. 样卡设计 本系统提供的样卡设计主要有选定样卡类型、修改样卡、存储样卡、选取样卡、更新样卡等内容。样卡设计界面及参数输入如图 4-12（a）所示 。

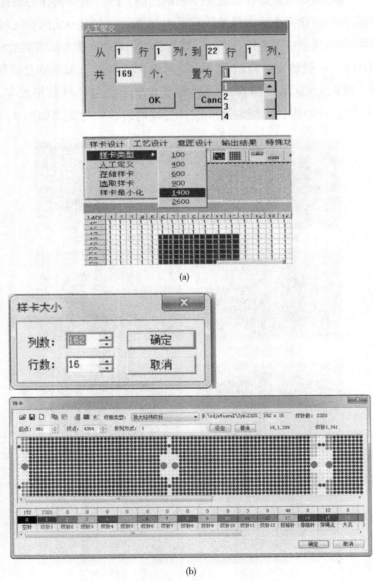

(a)

(b)

图 4-12 样卡设计

（1）样卡类型定义。样卡分 100 号、400 号、600 号、900 号、1400 号、2600 号等六种。利用表格技术，在 View 类里，调用 OnScrollYk（）函数可实现上述六种样卡的定义。

（2）修改样卡。在已定义的样卡上，还可以采用直接修改或人工定义的方式，对样卡进行修改。

ZDJW 纹织 CAD 系统的样卡设计如图 4-12（b）所示。根据提花机龙头的规格设置样卡大小，输入对应的行数（≤10000）和列数（≤32），可实现各种规格样卡的定义。在空白的样卡上通过选择各种纹针及常用辅助针完成样卡设计，若画错针可用空针或右键擦除；通过保存功能保存当前样卡；打开意匠状态可将当前样卡保存到意匠文件。若此样卡被修改过，程序提示用户是否保存到样卡文件。

（四）目板穿法

目板穿法是系统结果输出的一部分，穿目板是装造工作的重要环节，依据不同的纹织物结构、装造类型、经纱密度和花纹形态，采用不同的穿法。因穿目板的方法不同，通丝穿入的顺序和分布形式不同，无论采用哪一种都应以纹针和经纱次序为依据。

通过行列数的计算，可绘制出目板的穿行方向，以椭圆表示目板的通丝孔，直线表示穿行方向。

为了提高梭口的清晰度，目板列数应尽量少，所以应首先确定列数，然后再定行数。目板的列数应为每筘的穿入数、地组织循环数、棒刀组织和把吊数的倍数，具体计算公式为：

$$初定列数 = \frac{内经纱数}{（钢筘内幅 \times 目板行密）}$$

$$列数 = 筘号 \times 穿入数 / 行密；$$

$$每花目板行数 = \frac{内经纱数}{（花数 \times 目板选用列数）}$$

其中目板选用的列数，是根据目板初定的列数而得到的，系统提供的目板穿法界面如图 4-13 所示。

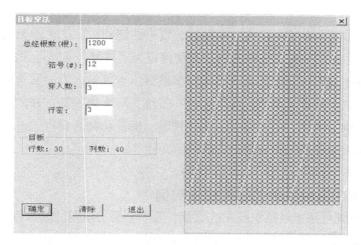

图 4-13　目板穿法界面

电子提花机的所用目板列数一般是提花机本身具有的纹针列数或成倍数关系，常用的目板列数有 16 列、32 列等。电子提花机目板的纵深一般远小于传统机械式提花机的目板纵深，有利于梭口的清晰和织机的高速运转。电子提花机目板的相关计算式如下：

$$目板的穿幅（cm）= 穿筘幅宽+2$$

$$所用目板总行数 = \frac{内经纱数}{选用列数}$$

$$每花实穿行数 = \frac{目板所用总行数}{花数}$$

每台电子提花机的目板穿幅和所需的行、列数确定后，进行目板定制并画出各花区，再根据计算进行穿目板。在电子提花机上通丝穿目板时要根据样卡操作，因为电子提花机的目板孔和纹针是上下对称的，因此，若利用 ZDJW 纹织 CAD 系统设计电子纹板则无须提供目板穿法。

（五）纹板轧制

系统中的纹板轧制有单步轧制、连续轧制、保存与读取工艺、存储纹板、调用纹板、辅助等功能，其界面如图 4-14 所示。

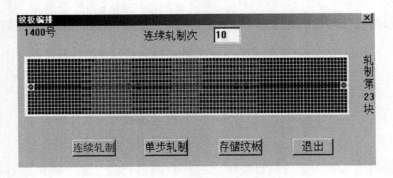

图 4-14　纹板轧制界面

其中保存与读取工艺是按一定的数据格式、顺序的把相关的工艺参数写到磁盘中或从其中读取工艺参数，系统给这些工艺参数的数据文件定义了扩展名 *.gy，这些文件只能用本系统打开才有效。对于具有相同工艺要求的同一批图案，重复输入费时又难免出错，从存储的工艺数据文件中读取，既省时又可保证工艺的一致性，可大幅提高工作的效率。显示工艺则为操作人员察看提供了方便，便于检查，利于修改。辅助功能有保存工艺参数、读取工艺参数、进行多窗口编辑意匠图、打开磁盘上的位图文件等。

三、纹织 CAD 系统技术的工程应用实例

纹织物 CAD 系统可用于对机织提花、商标、毛巾毛毯、丝绸、床单和手帕等进行设计。
现以多色缎档提花毛巾为例介绍纹织 CAD 系统在开发中的应用流程（图 4-15）。

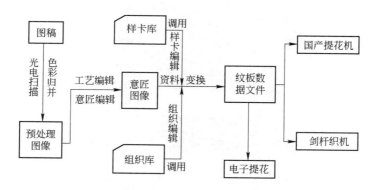

图 4-15　纹织 CAD 系统应用流程

（一）扫描处理

彩色样经光电扫描后，即使是同色相的颜色也会存在明度和纯度的差异，在计算机的 R、G、B 三基色信号转换过程中，必然造成许多非资料性的杂色点。从而导致预处理图像边缘模糊、杂色块相互交错，因此需要进行进一步的修改编辑。为了简化意匠制作环节，在进行色彩归并时，应使图像的套色数少于实际颜色数，尽量使相近的像素点同化。由于缎档部分和毛圈部分都有花样，缎档是一纬，毛圈是三纬，如果按同一意匠比例，毛圈部分的花型应纵向放大三倍，加大了意匠处理的难度，并容易使花型失真。所以应分别予以扫描，按两个图像文件处理。然后根据工艺要求，再在系统对话框中输入纹针数、纹格数和意匠比例三个基本参数。

（二）工艺计算

输入工艺参数：机型＝1400 号，辅助针数＝100。织物品种：散花织物。

花区成品宽：75cm；纹样长度：150cm；花数：1；造数：2；把吊数：1；重纬数：1；基础组织循环经纱数：8；纬纱数：8；经纬纱排列比等就可生成工艺文件。由工艺计算可得出纹样大小，经线数：840 和纬线数：948；系统自动将原扫描图形，放大到该纹样大小。

ZDJW 纹织 CAD 系统中提供意匠设置中所需的单位纹样长度、宽度、经密、纬密、经纬纱线组数，也可根据纹样大小计算得到相同的经纬纱线数，系统自动将原扫描图形放大并得到空白意匠。

（三）意匠处理

（1）首先进行意匠设色，用挑色针 ▨ 挑选一颜色；再按鼠标右键进行该颜色填充，如图 4-16（a）所示。为了分清楚布面正反外观效应，以每一种组织设定为一种颜色。凡是正面相同，而反面不同的织纹，均以不同的组织处理，也就是填充不同的颜色：红色为平边，黄色为缎边，蓝色为起毛，绿色为缎档部分。

ZDJW 纹织 CAD 系统中，勾勒出纹样形状轮廓后，在调色板选择颜色，并使用填充工具 ▨ 对不同部分填充不同的颜色。

（2）意匠间丝处理。所谓意匠间丝就是铺设组织。意匠图像修改完成后，就要根据意匠套色和工艺的要求编辑组织，即绘制组织图。提花缎档毛巾的组织分毛圈和缎档两部分，难

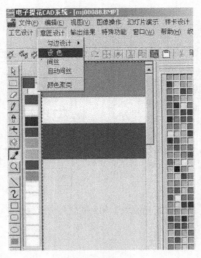

(a) 意匠设色图

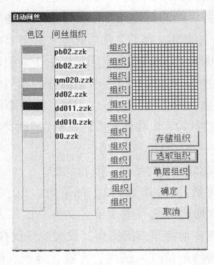

(b) 颜色—组织关系   (c) 间丝处理

图 4-16　意匠处理

点在于缎档部分的组织定义。缎档组织一般为表里交换纬二重组织。表里纬在织物中处于重叠状态，织出效果厚实，与毛圈部分厚度相协调。正反缎花界线位置相同，均显纬面效应。为了避免在织造时产生织缩率不一和松紧度差异，组织点布局要尽量均匀。在组织浮长的确定上，必须经纬兼顾，一般采用 5 枚 3 飞或 8 枚 3 飞。若采用纬重平或变化纬重平组织，当组织点达到一定间距时，将组织点错位或与其他组织联合设计，以控制纬线在织造中的位移。若采用斜纹变化组织或其他缎纹时，一定要选择好一个完全组织循环的起始位置，并注意花地组织交界处组织浮长的延伸。

　　本例选用自动间丝。首先，建立颜色与组织的对应关系表。用鼠标点击"组织"，如图 4-16（b）所示，就可在预先建立的组织库中选用某一组织 * . zzk。为了减少组织编辑时间，也可按"存储组织"将某组织与颜色关系表存储到文件（＊.hhz），待下次需要再用时可按"调用组织"来调用该组织—颜色关系，或在该关系表上作少许修改即可。建立了颜色与组织的对应关系表后，启用自动间丝功能，就可以用该关系表自动间丝，如图 4-16（c）所示。

　　ZDJW 纹织 CAD 系统中，间丝功能是切断经纬浮长线。意匠图中每个颜色与组织的关系是通过在纹针组织表中相应色块下调取组织库中相应组织文件（＊.jyj）体现的。纹针组织表是反映样卡纹针、意匠色块与组织对应关系的表。而间丝起到限制经纬浮长线的作用，间丝点颜色与组织关系对应也是在纹织组织表中体现。例如，若是经间丝点则相应色块填入"1"，代表经组织点；若是纬间丝点则相应色块填入"0"，代表纬组织点；若是组织规律间丝则相应色块调入对应的组织结构文件。

（四）样卡编辑

　　本系统可根据织机类型，以全数字方式选择编辑样卡，用不同的数字来确定主纹针的针数和辅助纹针的针数、位置、种类。有缎档的毛巾，其地经必须按前后造参加交织。如在国产提花机（二色缎档）上织制，样卡分左右手，左手车，边在首端；右手车，边在尾端。如在剑杆织机（三色以上）上织造，可在织机计算机中输入选纬针等，无须确定边针和辅助针。

　　进行样卡编辑时，首先选用样卡类型，按"样卡设计→样卡类型→1400"的次序操作，再用鼠标在样卡编辑器中按住左鼠拖动可拉出一蓝色编辑框，再按动鼠标右键会弹出一选用框菜单。在选用框菜单中，选"1"表示主纹针；"2"表示锁边针，"3"表示停卷针，"4"表示起毛针或落毛针，如图 4-17 所示。

1400	1	2	3	4	5	6	7	8	9	10	11	12	13	14	15	16
62	1	1	1	1	1	1	1	1	1	1	1	1	1	1	1	1
63	1	1	1	1	1	1	1	1	1	1	1	1	1	1	1	1
64	1	1	1	1	1	1	1	1	1	1	1	1	1	1	1	1
65	1	1	1	1	1	1	1	1	1	1	1	1	1	1	1	1
66	1	1	1	1	1	1	1	1	1	1	1	1	1	1	1	1
67	1	1	1	1	1	1	1	1	1	1	1	1	1	1	1	1
68	1	1	1	1	1	1	1	1	1	1	1	1	1	1	1	1
69	1	1	1	1	1	1	1	1	1	1	1	1	1	1	1	1
70	1	1	1	1	1	1	1	1	1	1	1	1	1	1	1	1
71	1	2	0	0	0	0	0	0	0	0	0	0	0	0	4	0
72	0	3	0	0	0	0	0	0	0	0	0	0	6	0	5	0
73	0	0	0	0	0	0	0	0	0	0	0	0	0	0	0	0
74	0	0	0	0	0	0	0	0	0	0	0	0	0	0	0	0
75	0	0	0	0	0	0	0	0	0	0	0	0	0	0	0	0
76	0	0	0	0	0	0	0	0	0	0	0	0	0	0	0	0
77	0	0	0	0	0	0	0	0	0	0	0	0	0	0	0	0
78	0	0	0	0	0	0	0	0	0	0	0	0	0	0	0	0
79	0	0	0	0	0	0	0	0	0	0	0	0	0	0	0	0
80	0	0	0	0	0	0	0	0	0	0	0	0	0	0	0	0
81	0	0	0	0	0	0	0	0	0	0	0	0	0	0	0	0
82	0	0	0	0	0	0	0	0	0	0	0	0	0	0	0	0
83	0	0	0	0	0	0	0	0	0	0	0	0	0	0	0	0
84	0	0	0	0	0	0	0	0	0	0	0	0	0	0	0	0
85	0	0	0	0	0	0	0	0	0	0	0	0	0	0	0	0
86	0	0	0	0	0	0	0	0	0	0	0	0	0	0	0	0

图 4-17　编辑样卡表

　　在 ZDJW 纹织 CAD 系统中，样卡编辑是根据织机选择类型，用不同颜色的点来确定各类纹针的数量、位置和种类。该系统支持多种格式的纹板文件，如 ＊.wb、＊.ep、＊.jc5、＊

.wbf、＊.grd、＊.cgs 等。如图 4-12（b）所示，一般在进行样卡编辑时，选择样卡类型后用鼠标选择纹针类型，在空白样卡上画出相应纹针的数量和位置即可。

（五）建立纬纱排列规律表

为了配合样卡编辑及梭箱变换，需要建立纬纱的排列规律表。图 4-18 表示 2 号纱 66 根，1 号纱 48 根，2 号纱 19 根，3 号纱 16 根，4 号纱 10 根，46×｛3 号纱 2 根，4 号纱 2 根｝，4 号纱 10 根，3 号纱 14 根，2 号纱 12 根，1 号纱 48 根，2 号纱 66 根，6 号纱 6 根。

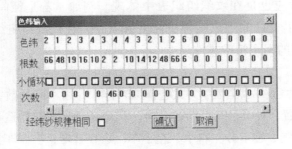

图 4-18　纬纱的排列规律表

在 ZDJW 纹织 CAD 系统中，纬纱的排列表是通过投梭功能实现的。如图 4-19 所示，在意匠图右侧用调色板不同颜色顺序从左至右依次表示梭箱号，每一横格对应几种颜色，即代表意匠一横格对应几梭或几张纹板。

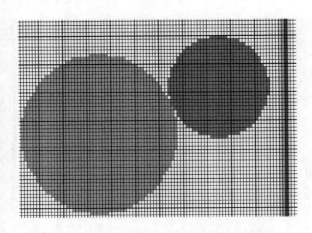

图 4-19　ZDJW 纹织 CAD 系统的投梭示意图

为了配合纹板轧制、样卡设计及梭箱动作，需要分段设置配制地组织、边组织及控制信号位（图 4-20）。毛圈部分边组织结构一般与地组织相同。平边、缎边、缎档边组织根据密度不同可分别采用 $\dfrac{3}{3}$、$\dfrac{6}{6}$、$\dfrac{9}{9}$ 经重平组织。

因纹织 CAD 必须分纬定义组织，所以建组织表（纹针提升规律图）时必须按意匠颜色分纬填入组织代码。毛圈部分是三纬，即意匠的每一横格轧三张纹板，设梭子数为 3。缎档部分是一纬，即意匠的每一横格轧一张纹板，设梭子数为 1。第二行的"1"表示起毛信号，"2"表示停卷信号，"4"表示缎档信号。因为这些参数关系表数据繁多，为保证数据参数的输入及修改方便，系统均设有存储及调用数据表功能，建组织表和梭箱资料后，文件将存储在系统硬盘中。

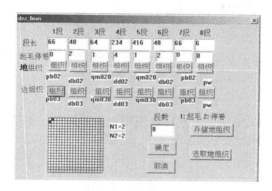

图 4-20　地组织和边组织分段排列

功能针组织表

纹针组织表

　　ZDJW 纹织 CAD 系统中，通过在纹针组织表中不同色块位置填入相应的组织结构，以此将花、地组织和意匠图中的相应色块对应，如图 4-21 所示。除了花、地组织的设计外，纹织物的功能针组织表也需填入相应的组织结构，以达到设计的效果，如图 4-22 所示。

图 4-21　纹针组织表中花、地组织与相应色块的对应关系

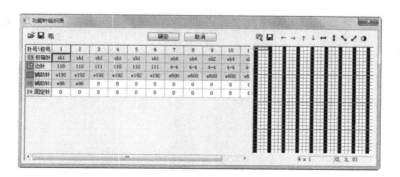

图 4-22　功能针与组织的对应关系

（六）纹板轧制

进行纹板轧制时，要先建立意匠颜色与轧制信号对应表，轧制信号对应表可通过交互方式建立，在编辑框图 4-23 中，选用"1"表示该颜色要轧制，"0"表示该颜色不轧制。轧制信号表建立起来以后，就可开始纹板轧制。

ZDJW 纹织 CAD 系统没有类似的关系表，但是纹板冲孔机轧制纹板时也是根据纹板数据文件给出的冲孔信号"1"和不冲孔信号"0"完成纹板轧制工作。随着电子提花技术的发展，电子提花机的普及使得纹板轧制工作逐步退出生产。

（七）布样仿真效果

布样仿真效果如图 4-24 所示。本系统已应用于内蒙古毛纺织厂、武汉东升提花织厂的工艺设计中。

(a) 汽车座垫提花装饰布面仿真

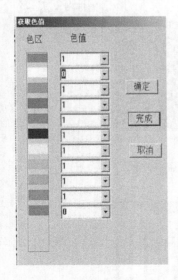

图 4-23　纹板轧制关系表

(b) 浴巾提花布面仿真

(c) 毛巾提花布面仿真

图 4-24　布样仿真

☞ 思考题

1. 简述纹织 CAD 系统的应用过程。

2. 一个完整的纹织 CAD 系统由哪些部分组成，其主要功能是什么？

3. 试述纹织 CAD 系统的数据结构与工作原理。

4. 装造类型为单造单把吊与单造双把吊时，纹织 CAD 系统应用过程中有哪些不同点？装造类型为单造与多造时，纹织 CAD 系统应用过程中有哪些不同点？

☞ 上机实验

1. 熟悉纹织 CAD 系统的功能，如建立机械提花或电子提花机的样卡，建立不同排列比的纬纱排列信息图等。

2. 应用纹织 CAD 系统设计单层或重经、重纬。

3. 应用纹织 CAD 系统设计双层纹织物、表里换层组织。

第五章　针织物纬编 CAD 系统

本章知识点

1. 纬编CAD系统工作流程和各模块功能。
2. 纬编CAD操作界面的各个组成部分和图标工具的作用。
3. 纬编CAD软件操作流程和使用方法。

第一节　纬编 CAD 软件系统的介绍

　　针织物纬编 CAD 系统（针织花型准备）主要是应用计算机图形图像处理功能从事纬编针织物花型意匠图的设计、织物纹路的模拟显示、花型的配色、花纹图案四方连续的对位，并最终生成上机工艺单。它应用了计算机的快速反应能力进行各种花型的工艺设计与计算，以适应针织产品短周期、小批量、多品种的市场需求。

　　为了使操作计算机不够熟练的织物设计人员能方便地应用纬编 CAD 系统，其用户界面采用界面友好、直观，使用者易于掌握的下拉式菜单，具有菜单导航功能，使用户在各功能间方便地切换，更有利于操作。系统包括文件管理、参数设置、花型设计、画图、工艺显示等内容，如图 5-1 所示。

一、纬编 CAD 软件工作流程图

纬编 CAD 系统软件的主程序模块如图 5-2 所示，其主程序工作框图如图 5-3 所示。

1. 选针类型/参数选择模块　按五种选针系统，单面机、双面机、毛圈机三种类型机器选择对应花色组织设计。

　　工艺参数包括：文件名、机型、机号、路数、花型的对称性、色纱数、花高、花宽、横密、纵密等。其中机型可根据用户的情况，自行加入本系统。当选定机型后，自动给出路数、机号等。当以上参数选定或输入完毕后，不需返回菜单，可直接转入意匠图绘制模块。

2. 花型设计/模拟显示模块　在选择好工艺参数及花色组织，确定好花宽花高后，直接进入意匠图花型设计模块。可采用绘图工具栏设计图案。可通过意匠图、四方连续循环模拟缩放显示及各种换色，调整纵横密度变换显示、线圈仿真显示等修正花型图案，完成花色组织意匠图设计。

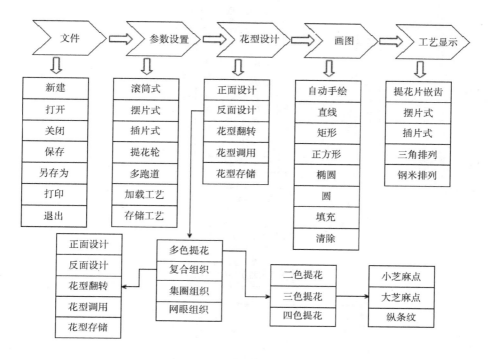

图 5-1 纬编 CAD 菜单模块

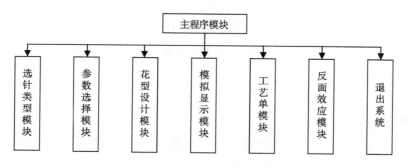

图 5-2 主程序模块

本模块重点实现了意匠图各点与二维数组各值之间的一一对应，从而能在工艺单编制中使用该数据块。

3. 花型工艺单设计模块 在绘制完意匠图后，可进入此模块。在意匠图绘制模块中所设计的花型的工艺单可显示于屏幕编辑工作区，可上下翻屏、滚动查看。该工艺单是本系统非常重要的部分，因为设计者设计出图案后，最终要在机器上实现，而实现设计者设想的中间环节就是花型工艺单。由图案到工艺单这一过程经常是设计者花费时间最多的过程，当设计者多次修改图案后，本系统自动给出花型工艺单，可直接用于生产。

此模块是以意匠图绘制模块的数据为依据进行统计、计算，并给出简明的花型工艺单格式及数据。对于双面提花，同时给出反面三角的排列顺序。设计完成可以存盘和打印。

103

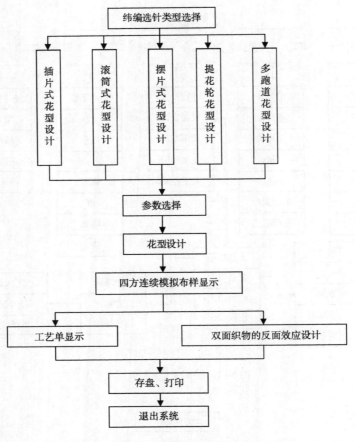

图 5-3　主程序工作框图

二、操作界面

系统是在 Windows 下开发的纬编针织物计算机花型辅助设计系统，其界面采用标准的 Windows 图形界面和基于人机对话的方式，系统的主窗口主要由标题栏、菜单栏、工具栏、状态栏、工作区五部分组成，本节主要介绍菜单栏、工具栏和工作区。

1. 菜单栏　菜单栏由下拉式菜单组成，主要有文件（新建、保存、打开，另存为图形格式、加载工艺、存储工艺、打印、退出等），参数设置（滚筒式、拨片式、插片式、提花轮、多跑道），花型设计（正面设计、反面设计、花型反转、花型调用、花型存储），画图（画点、直线、矩形、方形、椭圆、圆、填充、清除），颜色设置（查看、作图背景、方格颜色、方格边长、显示方格、改变意匠主色、改变意匠颜色），工艺显示（选针片钳齿、拨片位置、插片配置、排钢米、排针、排三角），查看（放缩比例、意匠格、状态栏、工具栏）等。菜单模块基本结构如图 5-1 所示。

2. 工具栏　显示常用的工具按钮。由以下几部分工具栏组成，单击某一按钮，可完成指定操作。

（1）基础工具栏：分别为新建 ⬜、打开 📂、保存 💾、另存为 🖫、另存为图形格式 🖫、撤销 ↩、回撤 ↪、意匠图主设计区 ▦、左右翻 ◿◺、上下翻 ⬌、放大 🔍。

（2）五种纬编选针机构参数设置工具栏：分别为滚筒式 🔲、摆片式 🦋、插片式 ▤、提花轮式 ✳、多跑道式 ⬯ 五种机型参数设置。

（3）绘图工具栏：主要有点 ✎、直线 ╱、矩形 ▭、方形 ▢、椭圆 ◯、圆 ○、填充 🖌、清空 ✂ 等。

（4）意匠图设计工具栏：主要有意匠图循环显示 ▦、循环图放大 🔍、循环图缩小 🔍、1∶1 缩放 🔳、意匠色选色 ▥、纵横比循环显示 ⅩⅩ、意匠点显色对调 ✎、意匠点主体数据对调 🔳、线圈仿真 🔳 等。

（5）五种纬编选针机构正面工艺单和双面织物反面效应输出工具栏：有滚筒式 ⬯、摆片式 ⼌、插片式 ▥、多跑道式 ⬯、提花轮式 ⬯ 五种机型及双面织物反面效应输出工艺单 🔳。

（6）快捷键：意匠图设计时，F1 为放大；F2 为缩小；Ctrl+滚轮为放大或缩小。

3. 工作区　有意匠图设计区、选色符号、设备参数显示区等，如图 5-4 所示。

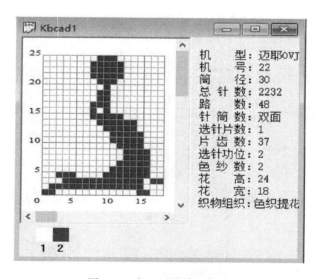

图 5-4　意匠图设计工作区

第二节　纬编 CAD 软件的使用

一、操作基本流程

纬编 CAD 按纬编选针形式的不同分类，分为滚筒系列 🔲、摆片系列 🦋、插片（推片）

系列 ▮、提花轮系列 ▨和多跑道系列 ⌃ 等五大系列纬编产品花型设计 CAD，操作界面友好，可根据针织企业设备情况定制设计。这几大系列花型设计 CAD 具有统一相似的操作界面，其操作流程为：

点击纬编图标 ▦ →点击参数设计类型（滚筒 ▮、摆片 ✕、插片 ▮、提花轮 ▨、多跑道 ⌃ 之一）；

出现针织纬编设备参数选择和花色组织类型选择对话框，通过各参数、花色组织选择后选定花宽和花高，如图 5-5~图 5-9 所示；

出现意匠图设计界面，如图 5-10 所示，绘图后可选；

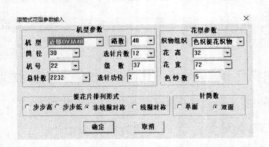

图 5-5　滚筒选针对话框

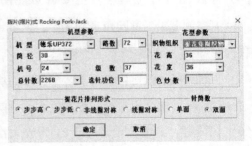

图 5-6　摆片选针对话框

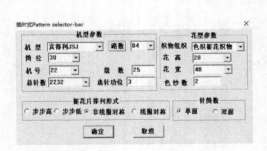

图 5-7　插片选针对话框

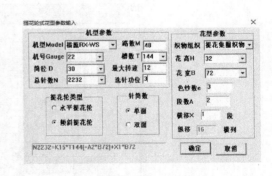

图 5-8　提花轮选针对话框

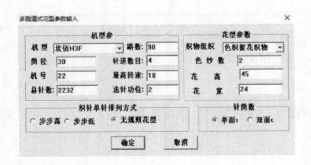

图 5-9　多跑道选针对话框

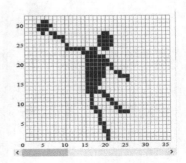

图 5-10　意匠图设计

点击意匠图四方连续图标 ▦ 循环显示，如图 5-11 所示。也可以点击线圈仿真图标 ▩ 显示线圈结构的仿真，如图 5-12 和图 5-13 所示。

图 5-11　意匠图有位移四方连续设计

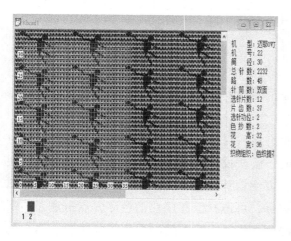

图 5-12　色织花型意匠图线圈仿真显示

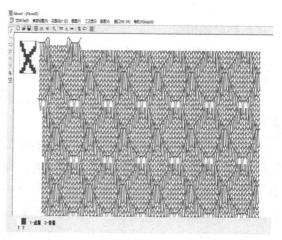

图 5-13　结构意匠图线圈仿真显示

这几部分均可点击 ▦ 返回意匠图主设计界面。

设计完成后可打印输出工艺单，并可对设计的图案及其配套参数存盘。

二、设计参数选择和花色组织类型选择对话框

当选出选针类型图标（插片 █、滚筒 █、摆片 ✳、提花轮 ◩、多跑道 ⬢ 之一），出

现一对话框，如图 5-5~图 5-9 所示。

1. 主选部分

（1）选择设备生产厂家和机器型号。

（2）选择针筒筒径。

（3）选择机号。

（4）选择花色组织。

（5）色织提花、单胖、双胖时可选色纱数。

（6）选提花片或织针排列方式（对称、非对称）（提花轮除外）。

（7）选择选针片数（仅滚筒有）。

（8）选择花宽和花高。

2. 配套微选和显示部分

选择路数、选针位数、总针数、选针级数、提花轮槽数、段数、跑道数、单双面显示。

3. 花色组织选择部分

花色组织根据机器类型分为：单面机花色组织、双面机花色组织、毛圈机花色组织。

（1）单面机花色组织有：色织提花组织、素色提花组织、集圈组织、提花集圈组织。

（2）双面机花色组织有：色织提花组织、色织单胖组织、色织双胖组织、集圈组织、提花集圈组织。

（3）毛圈机（水平提花轮选针）花色组织有：色织提花毛圈组织、素色提花毛圈组织、提花高低毛圈组织。

三、花型意匠图设计

在前一对话框中点击选定此机型，出现意匠图设计主界面如图 5-4 所示，设计师在此界面可以自由设计花型图案。

进入花型意匠图设计主界面，在其右边显示有前一对话框选择的机器各个参数和花色组织类型，以便设计人员在设计花型图案时，随时了解所设计花型的基本参数；在窗口状态栏右下侧，可在线显示鼠标所在意匠图方格坐标，方便设计；可通过菜单设置意匠主色、作图背景色、方格颜色和方格边长；在绘图区右击鼠标，可选择绘图颜色的色序，点击意匠图下方换色工具条，可通过调色板设置绘图色序的颜色；非色织组织的绘图色序（主色、第 2 色等）按成圈、集圈、浮线顺序排列，提花轮系列非色织组织绘图色序按高钢米、低钢米、无钢米顺序排列。

当设计花型时，鼠标上方跟踪显示所绘图的颜色（主色、第 2 色等）；鼠标偏离意匠图设计区时鼠标上方跟踪显示 OFC，并在下方状态栏显示鼠标偏离方位。

点击工具栏意匠点显示色对换图标 🐾，可将绘图显示色序互换；点击意匠图主体数据对换图标 ⊙，绘图色序不变而图形内在数据互换；可按键盘 F1 键多级放大、按 F2 键多级缩小、按 Ctrl+滚轮自由放大缩小意匠图方格大小，也可通过菜单查看→放缩→按①4：1，

②2：1，③1：2，④1：4，⑤1：1 等比例放大或缩小意匠图方格大小。可点击撤销 、回撤 图标，反复修正。点击绘图区图标 ，可保持原机型参数并重建空白意匠图。

多跑道机采用自定义花宽排针时，需首先在意匠图下方的排针图上进行排针设计，然后进行花型设计。

四、意匠图四方连续循环显示

点击意匠图四方连续循环显示图标 ，可让意匠图按四方连续循环显示，如图 5-11 所示，其中提花轮式选针系列根据机器参数作位移式循环显示，其他机种顺序式排布。也可点击线圈仿真图标 ，展示线圈仿真结构图，如图 5-12、图 5-13 所示。

五、输出工艺单

根据选针类型的不同有不同的工艺单图标。

点击滚筒选针工艺单图标 ，根据意匠图设计的图案可按花纹横列数和机器路数排出滚筒选针片钳齿工艺单，钳齿位置为成圈，如图 5-14 所示。

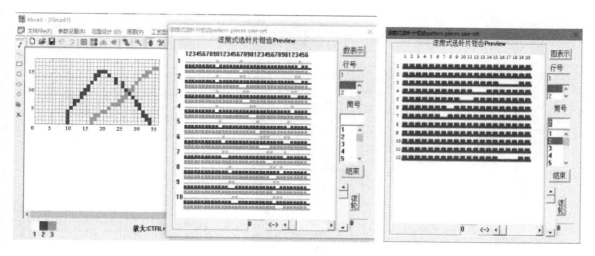

图 5-14　滚筒选针片钳齿工艺单

点击插片推片选针工艺单 图标，根据意匠图设计的图案可按花纹横列数和机器路数排出插片推片左右提花刀配置进出位置工艺单，左右提花刀均退出为成圈、左右提花刀均打进为浮线、左提花刀打进而右提花刀退出为集圈。对应的插片钳齿就是：左右均钳齿为成圈，左右均留齿为浮线，左钳右留齿为集圈，如图 5-15 所示。

点击拨片选针工艺单图标 ，根据意匠图设计的图案可按花纹横列数和机器路数排出拨片摆动位置工艺单，左摆为浮线、右摆为集圈、中摆为成圈，如图 5-16 所示。

点击提花轮排钢米工艺单图标 ，根据意匠图设计的图案可按花纹横列数和机器路数排

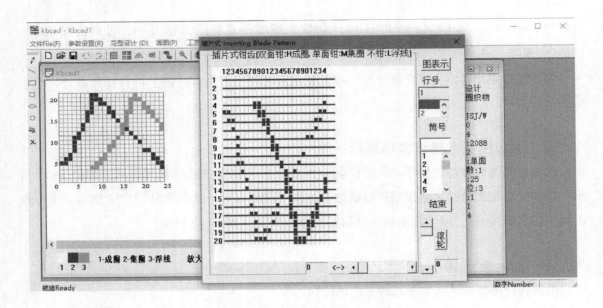

图 5-15　插片左右钳齿工艺单

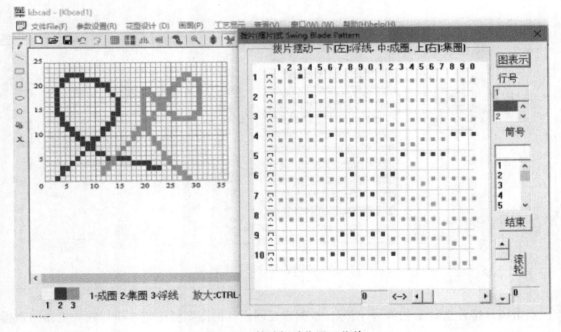

图 5-16　拨片摆动位置工艺单

出工艺单。高钢米为成圈、低钢米为集圈、无钢米为浮线，按累计数形式排钢米，如图 5-17 所示。

　　点击多跑道排三角工艺单图标 ，根据意匠图设计的图案可按花纹横列数和机器路数排出成圈、集圈、浮线三角工艺单，如图 5-18 所示。

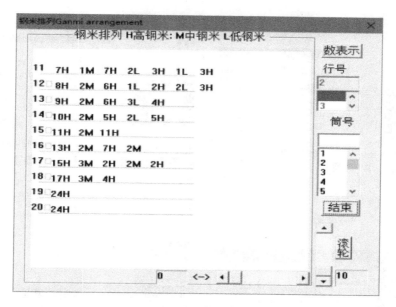

图 5-17　提花轮排钢米工艺单

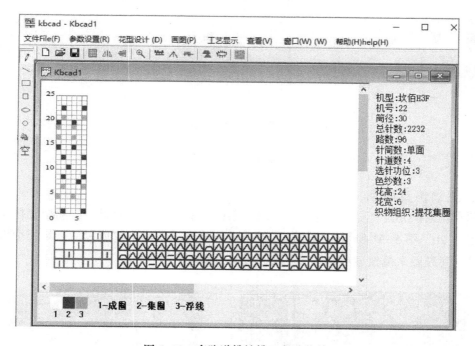

图 5-18　多跑道排针排三角工艺单

六、双面织物的反面效应

对于双面织物反面设计，可通过菜单选择 2 色、3 色、4 色等提花织物的横条、纵条、小芝麻点、大小芝麻点设计上针三角的排列，如图 5-19 所示。

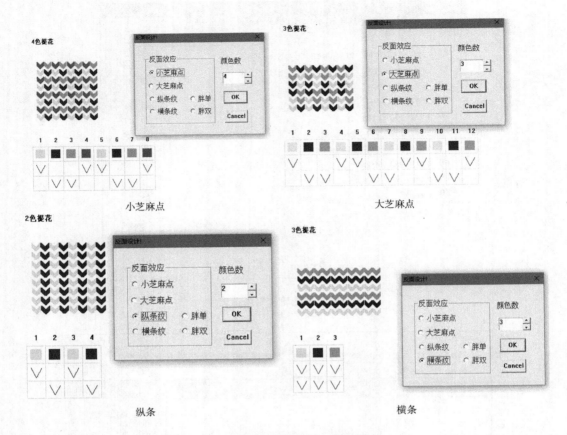

图 5-19　反面设计上针三角的排列

七、织物仿真显示

采用小花纹扩充到全屏、大花纹设置滚动条的方法显示整体效果。织物线圈仿真显示实例，如图 5-20、图 5-21 所示。当设计者点击进入仿真模拟显示窗口以后，系统可以自动根据所设计的意匠图来模拟显示该设计实物效果。

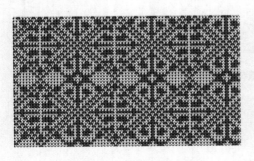

图 5-20　花色织物模拟实例

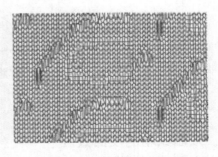

图 5-21　线圈结构仿真实例

针织物仿真模拟显示的实现，省去了小样试织对针织物花型设计的制约，可大幅提高产品设计速度，节省了时间，节约了原料，增强了市场竞争力。

上述内容操作完成后，可点击存盘图标■，存储所设计的花纹意匠图，以后点击打开图标■，可再次打开所存储的设计图案，也可按打印图标■打印输出。

第三节　纬编 CAD 设计实例

下面按照针织物设计的顺序介绍该软件的使用方法。

1. 纬编设计开始　该图标■是进入纬编设计的第一步，点击■，进入操作界面。

按纬编选针形式的不同分类，分为插片系列■、滚筒系列■、摆片系列■、提花轮系列■和多跑道系列■共五大系列纬编产品花型设计 CAD。在此以摆片式双面提花圆机 UP372 的两色提花为例介绍花形设计方法。

2. 机器参数和花型参数的选择　点击选针类型■ ■ ■ ■ ■中的任意图标，将出现针织纬编设备参数选针和花色组织类型选择对话框，如图 5-5~图 5-9 所示。

操作顺序：

（1）先选生产厂家机器型号（德乐 UP372）→根据机器型号选筒径（30 英寸）→选机号（24G）；当上述参数选定后，机器的路数（72）、总针数（2268）、选针位数（2）、级数（37）等可以一一确定。

（2）从"花色组织选择"中选出设计的花型组织类型（色织提花组织）。

（3）通过参数、花色组织选择后，确定花高和花宽，花宽 B 与提花片以及织针的排列形式有关，B_{max}<总针数 N；花高 H 与组织形式和路数有关，H_{max}<路数 M；并且，根据设计的织物组织、图案表现的思想来确定色纱数。提花片排列形式有 2 种不对称的（步步高、步步低），有 2 种对称的（线圈对称、非线圈对称）。在此选择提花片排列：步步高；色纱数为 2；花宽：36；花高：36。

3. 绘制意匠图　当花型设计参数选择好后，单击"确定"，将出现意匠图工作区域（图 5-22）。

在状态栏中，有一颜色工具条，它是根据所选定的色纱数来确定的，色纱的颜色可以在颜色对话框中选择。左击■ 1 ■ 2，将出现颜色对话框，设计人员可以根据自己的要求选择所需的颜色。

当设计好花型图案后，若觉得该颜色效果不令人满意，可通过颜色的改变来改变意匠图的花型效果。

当觉得该花型图案不适合设计要求时，可以单击■，意匠纸就以当前参数重新设计，如图 5-23 所示。

4. 意匠图四方连续循环显示　设计好意匠图后，点击图标■，所设计的花型按四方连

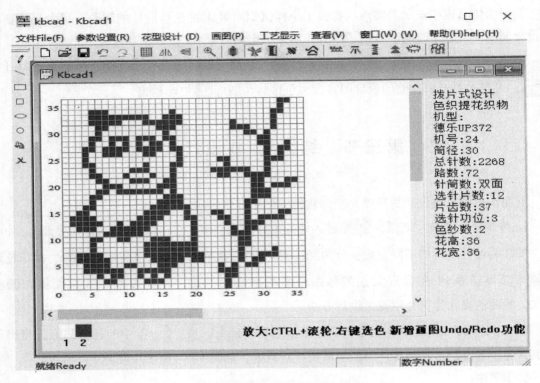

图 5-22　意匠图设计花色图案

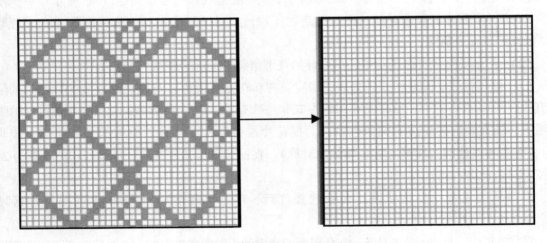

图 5-23　设计参数不变刷新意匠纸

续形式循环显示意匠图，可对边界设计进行调整，如图 5-24 所示；可以放大缩小循环显示，如图 5-25 所示；提花轮花型设计可以有位移循环显示，如图 5-26 所示；点击图标 [图] 可看线圈仿真效果，如图 5-27 所示。

　　若感觉布样颜色效果搭配不当，可以通过改变颜色来改变布样效果，点击 ₁ ₂ 将出现颜色选择对话框，选择合适颜色（如由绿色变为红色）。

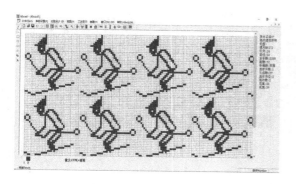

图 5-24　意匠图四方连续循环显示

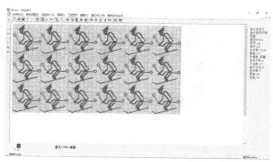

图 5-25　意匠图循环显示放大缩小

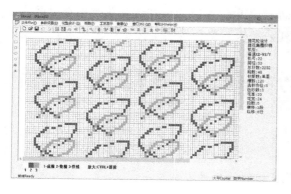

图 5-26　意匠图有位移循环显示

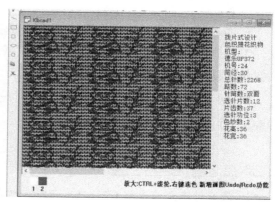

图 5-27　线圈仿真效果

单击 ，出现如图 5-28 所示的"颜色对换"对话框，对意匠图像素点显示色对换；或单击 ，出现对话框对主体数据通过颜色显示更换，更换效果如图 5-29 所示。

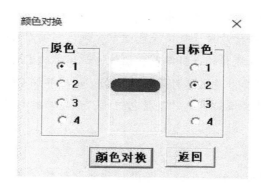

图 5-28　意匠点显示色对换对话框

5. 反面效果　单击 ，出现一对话框，可有小芝麻点、大芝麻点、纵条、横条等反面效应选择，灰色按钮为不可选，选择后分别出现反面效应图和三角排列图，如图 5-19 所示。

115

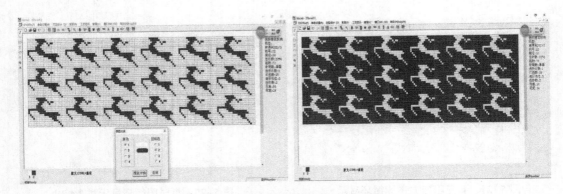

图 5-29　更换颜色对话框及换色效果

6. 工艺单　编织的花型将根据具体机型显示工艺单。本例为摆片式提花机构排出摆片位置。工艺单根据意匠图设计的图案可按花纹横列数和机器路数排出工艺单，可以选择改变横列数和路数，如图 5-16 所示。

设计完成后，点击存盘图标，存储所设计花纹意匠图和设计参数，供以后重复使用或修改。也可按打印图标打印输出。

🖝 思考题

1. 试述针织企业采用 CAD 技术设计纬编花色组织的几种主要方法。

2. 试述常用纬编 CAD 系统的功能。

3. 简述纬编 CAD 花型数据描述方法，比较规则提花和不规则提花的异同。

4. 比较插片式、推片式、摆片式、滚筒式选针对称和非对称花型数据的描述。

5. 试比较滚筒式选针和提花轮选针花型数据描述方法的异同。

6. 如何表示提花轮花型数据的位移？

7. 简述纬编花型数据存储的转换关系。

8. 参考设计实例，选择插片式选针某花色组织，试述纬编 CAD 系统设计步骤。

9. 参考设计实例，选择提花轮选针某花色组织，试述纬编 CAD 系统设计步骤。

10. 参考设计实例，选择多跑道选针某花色组织，试述纬编 CAD 系统设计步骤。

11. 参考设计实例，选择滚筒式选针某花色组织，试述纬编 CAD 系统设计步骤。

🖝 上机实验

1. 在计算机上按滚筒式选针要求，分别用对称和非对称形式，用纬编 CAD 系统设计色织提花产品，并输出上机工艺单，分析反面效应及三角排列。

2. 在计算机上按插片式选针要求，分别用两种非对称形式，用纬编 CAD 系统设计集圈产品，观察意匠图的表现形式，并输出上机工艺单。

第六章　针织物经编 CAD 系统

本章知识点

1. 经编针织物的表示方法，多梳经编机花梳集聚原理，贾卡经编起花原理。
2. 经编CAD系统工作流程和各模块功能。
3. 多梳和贾卡经编CAD软件操作流程和使用方法。

第一节　概述

一、经编织物花纹形成原理

相对于纬编织物花纹主要由选针机构形成花色效应，经编织物花纹主要是通过改变导纱梳栉（导纱针）的横移垫纱运动来实现的。根据导纱梳栉的结构和导纱针的运动形式可以分为三类。

1. 导纱针满针配置的导纱梳栉进行整体垫纱横移运动　这类导纱梳栉主要用于经编机编织基础组织的梳栉。

（1）特利柯脱（Tricot）高速经编机、双针床经编机、毛圈经编机等的导纱针为满针配置的梳栉，通过几把梳栉的不同横移运动形成花纹。

（2）多梳经编机的地梳栉进行整体垫纱横移运动编织成各类网格，形成多把花梳垫纱的骨架。

（3）贾卡经编机的地梳栉进行整体垫纱横移运动形成方格，作为贾卡花纹垫纱的基础。

2. 少数导纱针零星配置组成花梳作局部垫纱横移运动　多梳经编机的花梳梳栉数多，但每把梳栉上配置的导纱针数量很少，通过各把花梳不同的横移运动，花梳上导纱针各自垫纱形成花纹的局部效应，由多把花梳形成花纹的整体效应。

3. 满针配置的导纱梳栉整体垫纱横移中伴随个别导纱针的异动垫纱　贾卡经编机的贾卡梳栉上导纱针既随贾卡梳栉横移垫纱运动，又受贾卡偏移装置的控制进行偏移异动垫纱，由此形成厚实、网孔、稀薄等花纹效应。

二、经编针织物的表示方法
（一）线圈结构图

线圈结构图是把经编织物结构放大以后描绘下来的，根据线圈形态又可分为实际形态和

图 6-1　线圈结构图

理论形态两种。如图 6-1 所示，线圈结构图形象直观，能清楚看出线圈结构，并能分析导纱针的运动情况。但是线圈结构图的描绘相当费时，对于多梳织物和双针床织物，几乎不可能，有一定的局限性。

线圈通常有三种形式，闭口线圈如图 6-2（a）所示，开口线圈如图 6-2（b）所示，重经线圈如图 6-2（c）所示。在闭口线圈中，线圈基部的延展线互相交叉；而在开口线圈中，线圈基部的延展线互不相交；重经线圈由一经编线圈和一纬平针线圈组成，这一横列两个线圈之间用沉降弧连接，上下横列两个线圈之间用延展线连接。重经线圈由于编织困难，应用很少。

为了使经编针织物具有一定的物理机械性能和花色效应，达到一定的使用价值，常常采用两把或更多的梳栉，用不同色别、不同类型的纱线，以不同纱线的穿空比例排列，应用不同的组织和千变万化的垫纱记录，以及不同的机器结构、机器特点等来进行编织。

(a) 闭口线圈　　　　　(b) 开口线圈　　　　　(c) 重经线圈

图 6-2　线圈形式

（二）意匠图

1. 点纹意匠图　点纹意匠图又称垫纱运动图，是用从下到上的点行表示针依次形成的线圈。用横向的点列表示依次排列在针床上的针，规定点上方表示针前（机后），点下方表示针背（机前），用连续的线段表示导纱针在针前和针背的移动情况（图 6-3），由此可直观地表示经编组织。图 6-4 所示为变化经缎组织的垫纱运动图。

点纹意匠图主要用于表示普通特利柯脱经编机、普通拉舍尔经编机、双针床经编机等满针配置的导纱梳栉的垫纱运动，多梳拉舍尔经编机地梳栉的垫纱运动，贾卡经编机地梳栉的垫纱运动。多梳拉舍尔经编机通过地梳的垫纱运动形成各类网格的地组织，如方格网眼、菱形网眼和六角网眼等。贾卡经编机通过地梳的垫纱运动形成方格网孔。双针床经编机点纹意匠图表示方法与单针床经编机略有不同，主要有三种形式，如图 6-5 所示。

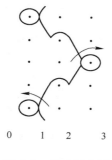

图 6-3 垫纱运动图

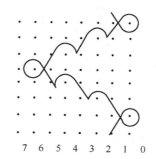

图 6-4 变化经缎组织垫纱运动图

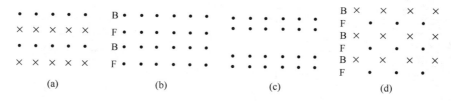

图 6-5 双针床经编机点纹意匠图

（1）前后针床上织针针头分别用不同的点表示，如用圆点表示前针床织针针头，用×表示后针床织针针头，如图 6-5（a）所示。

（2）在点纹意匠图横列旁标注字母 F、B 分别代表前后针床的织针针头，如图 6-5（b）所示。

（3）点纹意匠图中每两横行为一单元组，表示在同一编织循环中的前后针床织针针头，组与组间用较大距离分开。每单元组中，第一横行代表前针床织针针头，第二横行代表后针床织针针头，如图 6-5（c）所示。

双针床经编机根据前后针床织针对位形式又分为罗纹对针（即前后针床织针呈相间配置，错开半个针距）和双罗纹对针（两针床针与针相对配置），分别如图 6-5（d）和图 6-5（a）所示。其点纹意匠图结构也有所不同。

2. 网格意匠图 花梳导纱针沿着地组织网格节点运动形成局部花纹效应的垫纱运动图称为网格意匠图。多梳拉舍尔经编织物的花梳是在地组织网格基础上垫纱形成局部花边效应，若采用点纹意匠图无法表示花边花纹，此时采用专用的网格意匠纸可以很方便地绘制花梳的垫纱运动。

多梳经编机编织的网格结构有多种形式，常用的网格结构有六角形蜂窝结构（图 6-6）、方形结构（图 6-7）和菱形结构（图 6-8）等。而弹力多梳花边织物的网格结构还可采用弹力网眼结构（图 6-9）和"技术"网眼结构（图 6-10）。在多梳花边织物设计时，还可根据地组织结构的变化，采用几种网格结构组成的混合形网格结构，图 6-11 为方格和菱形混合网格结构。采用相对应的网格意匠纸可以很方便地设计各种多梳花边织物（图 6-12），花梳的垫纱运动一目了然。

119

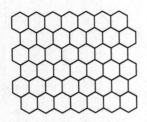

图 6-6　六角网眼意匠图

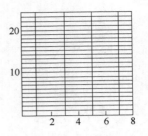

图 6-7　方形网眼意匠图

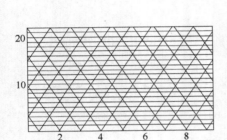

图 6-8　菱形网眼意匠图

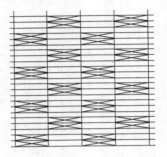

图 6-9　弹力网眼意匠图

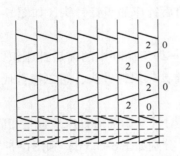

图 6-10　技术网眼意匠图

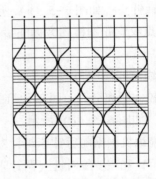

图 6-11　方格和菱形混合网格意匠图

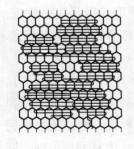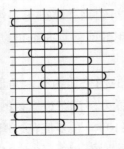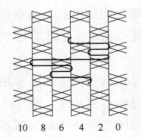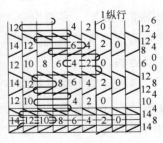

图 6-12　各种多梳花边织物设计的意匠图

3. 彩格意匠图　贾卡经编织物、双针床毛绒织物、单针床色织毛圈织物、提经提花织物和缺垫织物等进行花型设计时，一般在方格纸上用彩色笔进行描绘，如图 6-13 所示（类似于纬编的意匠图）。在格子纵向上一个小格的高度一般表示一个线圈横列或两个线圈横列（贾卡织物），一个小格的宽度表示一个针距，不同的颜色表示不同的组织，一般把这种彩色图称为彩格意匠图。其中最简单的是提经提花经编织物采用的黑白两色组成的意匠图，如图 6-14 所示；最复杂的是贾卡经编织物用的意匠图，根据贾卡梳栉数和纱线粗细的使用情况，需用的彩色数达 3~9 色。

随着多梳和贾卡技术的发展，产生了多梳和贾卡复合型的 Jacquardtronic 经编产品，即在多梳拉舍尔经编机上带有贾卡装置，花型设计时需采用复合型的意匠图，即方形网格结构加彩格组成的意匠图，如图 6-15 所示。

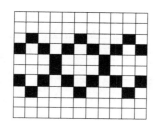

图 6-13　彩格意匠图

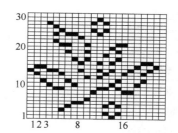

图 6-14　提经提花意匠图

（三）垫纱记录

垫纱记录又称垫纱数码，以数字 0、1、2、3、…（一般特里柯脱经编机用）或 0、2、4、6、…（一般拉舍尔经编机用）顺序标注针间间隙，数字顺序以梳栉横移机构在经编机上的位置来确定。若在机器左侧，则从左开始；若在机器右侧，则从右开始。垫纱记录就是由下向上按顺序记下各横列导纱针在针钩的垫纱情况。图 6-16 所示为经缎组织，其垫纱记录为：

GB1：5—6/5—4/4—3/3—2/2—1/1—0/1—2/2—3/3—4/4—5//。

GB2：1—0/1—2/2—3/3—4/4—5/5—6/5—4/4—3/3—2/2—1//。

其中："/" 表示横列与横列之间的隔离符号，"//" 表示花纹循环的结束符号。

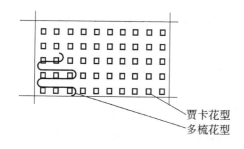

图 6-15　多梳贾卡复合型意匠图

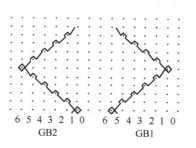

图 6-16　经缎组织垫纱运动图

现在高速拉舍尔经编机和线性电动机控制梳栉横移的经编机都已采用特里柯脱编号方法，仅有多梳经编机还采用偶数编号。

双针床经编组织在垫纱运动图中，奇数横列表示前针床的垫纱情况，偶数横列表示后针床的垫纱情况。而双针床经编组织用数码表示时，则将一横列前针床和一横列后针床的针前垫纱移动情况顺序写在一起。

关于导纱梳栉编号，从 2001 年 1 月开始实行新的导纱梳栉标注方法。特利柯脱经编机原来是从后向前编号，新的标注法规定特利柯脱经编机导纱梳栉的编号也是从前到后，这样与拉舍尔经编机一样。地梳、花梳、贾卡梳和衬经梳用不同的字母来表示。新的方法对所有经编机，包括缝编机、钩编机和管编机都适用，详细见表 6-1。

表 6-1　导纱梳栉编号

梳栉类型	表示符号	梳栉位置举例
导纱梳	B	B1
地梳导纱梳	GB	GB1
花梳导纱梳	PB	PB1
贾卡导纱梳	JB	JB1
衬经导纱梳	FB	FB3

三、多梳经编机花梳梳栉的集聚

在多梳栉拉舍尔经编机中，花梳数量较多，但每把花梳使用的导纱针较少，可以采用梳栉集聚技术，使多把花梳的导纱针在不发生相互碰撞的基础上，梳栉集聚在同一条横移工作线上，缩短了梳栉在织针间的横移时间。梳栉集聚和排列是多梳栉拉舍尔经编机中工艺设计上的一项重要工作。梳栉集聚有以下几项基本原则。

（1）多梳栉集聚后组成的横移工作线要减到最少的程度，以利提高机速，保证机器正常工作。

（2）梳栉集聚后的最大宽度，在梳栉摆动时与其他成圈机件运动曲线的时间要相吻合。

（3）集聚后的梳栉摆到机后时，前梳要有一定的倾斜角度，才能保证前梳的针钩垫纱。

（4）集聚线内的花梳可以为 2 把、4 把、6 把等几种，考虑到花梳横移彼此应尽量少受制约，常在摆动动程许可范围内和不影响机速的情况下，多将 2~4 把花梳集聚在一起。

（5）靠近机前地梳的集聚线梳栉，针背垫纱时间较为充裕，常将横移动程较大的花梳放到这些横移工作线内，以充分利用机器条件。

（6）集聚线内各梳栉横移后应有 1~2 针的间隔，以免发生碰撞。

（7）所有衬纬梳栉横移方向一致，以便集聚。

（8）左右横移方向基本一致、针距数差不多而又互不碰撞的梳栉组成一条横移工作线，如衬纬花梳多在一起，放在前面的横移工作线上，包边花梳多在一起放在后面的横移工作线上。

根据这些原则，一般八梳以内的拉舍尔经编机，梳栉不作集聚，成为八条横移工作线；八梳以上的拉舍尔经编机的梳栉集聚线，因梳栉的多少而不同，通常集聚为 8~12 条横移工作线。目前最多的 78 把拉舍尔经编机，也只集聚为 18 条横移工作线。

图 6-17 所示为几种 MRS 型多梳栉拉舍尔型经编机梳栉集聚排列，SU 表示电子提花。MRS42SU 型机一共组成 13 条横移工作线；MRS56SU 型机组成了 16 条横移工作线；MRE36SU 型机的机前机后各两把地梳，共 13 条横移工作线；MRE50SU 型机共 16 条横移工作线。MRGSF31/12SU 型机带有压纱板，3 把地梳在中间，地梳前面为压纱板，压纱板前有 12 把花梳，地梳后有 16 把花梳，共组成 10 条横移工作线和一条压纱板工作线。MRGSF31/16SU 型机同上，地梳有 12 把花梳，组成两条横移工作线，共有 9 条横移工作线和一条压纱板工作线。

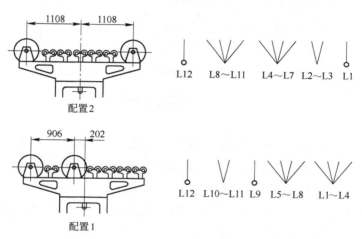

图 6-17　几种 MRS 型经编机梳栉集聚排列图

四、贾卡经编起花原理

由贾卡提花装置分别控制拉舍尔经编机全幅的各根部分衬纬纱线（或压纱纱线、成圈纱线等）的垫纱横移针距数，从而在织物表面形成厚、薄、稀孔等花纹图案的经编织物，称为贾卡提花经编织物，简称贾卡经编织物（jacquard warp knitted fabric）。

最简单的贾卡经编组织是由编链和衬纬组成的双梳织物，地梳栉为编链作成圈编织，贾卡梳栉作 4—4/0—0 衬纬垫纱运动，通过贾卡梳栉部分导纱针的偏移形成花色效应，如图 6-18 所示。

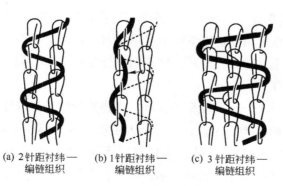

(a) 2 针距衬纬—　　(b) 1 针距衬纬—　　(c) 3 针距衬纬—
　　编链组织　　　　　　编链组织　　　　　　编链组织

图 6-18　衬纬编链双梳织物及其起花

123

图 6-18（a）为每横列中移位针都提到高位，相应的贾卡导纱针就按贾卡梳栉的 2 针距衬纬运动进行垫纱，得到 2 针距衬纬—编链组织。在这种组织中，贾卡花纱在两相邻的地纱编链空隙中，每两个横列中分布覆盖两根贾卡衬纬纱，如图 6-19（b）所示，在织物中构成半密实区域（或称稀薄组织）。

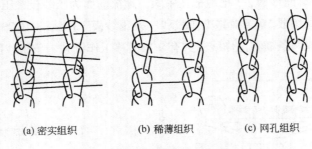

(a) 密实组织　　　　(b) 稀薄组织　　　　(c) 网孔组织

图 6-19　三种组织衬纬纱的分布

图 6-18（b）为移位针在贾卡梳栉右移横列（称为"A"横列）中处低位，随后的左移横列（称为"B"横列）中处于高位。即在右移的 A 横列中阻挡减少一个贾卡导纱针针距，从而形成 1 针距衬纬—编链组织。在这种组织中，贾卡花纱只是绕在各地纱编链上，在各横列中没有衬纬纱分布，如图 6-19（c）所示，即相邻的编链空隙中没有贾卡花纱覆盖。所以在织物中就构成网孔区域（或称网孔组织）。

图 6-18（c）为移位针在 A 横列时处高位，B 横列时处低位，即在左移的横列中推延一个导纱针距，从而形成了三针距衬纬—编链组织。在这种组织中，贾卡花纱在两相邻的地纱编链空隙中，每两个横列中分布覆盖四根贾卡衬纬纱，如图 6-19（a）所示，在织物中构成密实区域（或称密实组织）。

由两把贾卡梳栉或采用其他垫纱运动形式，可以编织更为复杂的贾卡经编花色效应。

五、经编花型 CAD 系统设计

从上述经编针织物表示方法可以看出，经编针织物花色种类多，花纹效应突出，能满足大众对新型花色产品的需求，但同时也给产品开发人员设计花色组织增加了难度。采用 CAD 技术可以极大地减轻设计人员的劳动强度。

经编 CAD 系统通过在操作界面上展示各类花纹意匠图。基础组织显示点纹意匠图；多梳花边织物设计时，根据所选用的地组织类型显示所对应网格意匠图；贾卡花色组织显示方格意匠图。通过选用垫纱记录等多种形式，使花型设计变得简单，鼠标点击使每步的操作可视化、清晰明了、修改方便。

经编织物的花型设计工作（即花型的获取、梳栉数确定及意匠图绘制）是经编织物生产中较为复杂的工序，目前多为手工操作，对工人的技术要求高，劳动强度大，设计周期长，而生产效率低。使用经编 CAD 系统能够大幅缩短设计周期，在上机之前就能够预知织物效果，从而大幅地提高了新产品开发的成功率。目前，在经编行业中，也研制推出针对各种机型的经编针织物设计软件，从而改变了设计人员的工作模式，大幅提高了生产效率。

经编织物设计的过程是：设计人员首先画出花纹小样，然后通过扫描仪把花纹图案转移到计算机中，通过经编 CAD 系统进行梳栉分配及原料选择，然后自动确定各把梳栉的垫纱运动，从而可以确定各把梳栉的花型数据。利用经编 CAD 系统不仅可以进行花纹设计，而且能够进行织物效应仿真。最终还可以记录各项数据，并把这些数据保存到存储器上，直接用于对经编机的控制。

针织经编多梳栉 CAD 系统主要应用于条形花边、面料花边、窗帘花边的设计。它在功能上以花型设计为主，系统不但能够提供丰富的花型设计工具，而且具有仿真功能，设计完成之后能够生成花型数据直接控制花边产品上机。

贾卡经编织物是一类网眼型装饰织物，贾卡经编产品已在国内外广泛流行，主要用作窗帘、台布、床罩等各种室内装饰与生活用织物，也可用作妇女的内衣、胸衣、披肩等带装饰性花纹的服饰物品。经编贾卡 CAD 系统可以设计织物花纹组织，并最终生成控制纹板。

第二节　经编 CAD 系统介绍

一、软件运行及调试环境

WINDOWS 操作平台，Visual C++语言编程。采用了 C++的封装使得经编 CAD 系统具有很高的可靠性和透明度，便于功能扩充、移植和软件维护。具有类继承特点，可继承 WINDOWS 的资源和信息。

二、经编 CAD 系统的总体结构

经编 CAD 系统的总体结构如图 6-20 所示。

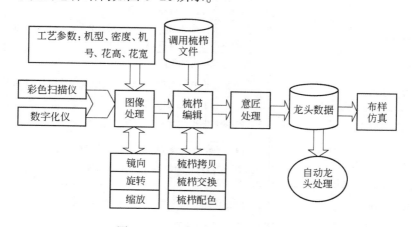

图 6-20　经编 CAD 系统总体结构

三、多梳经编 CAD 系统功能介绍

(一) 多梳经编 CAD 系统功能

多梳经编 CAD 系统功能见表 6-2。

表 6-2　多梳经编 CAD 系统功能描述表

序号	功能	子功能	功能简要说明	备注
1	求梳栉图	输入花型工艺	在对话框中输入每一梳栉的起始位置、链块数据	
2		画点（POINT）	随机性选用不同梳栉号和横列数。可连画点轨迹。并在指定点插入或删除梳栉轨迹点	
3		画直线（LINE）	选用 2~3 把梳栉，按直线轨迹画出梳栉的横列	
4		画圆弧	选用 2~3 把梳栉，按圆弧轨迹画出梳栉的横列	
5		画包边（梳栉轨迹逼近）	选用 2~3 把梳栉，使梳栉的横列可按逼近另一梳栉的单向轮廓画出	
6		衬纬（衬）或压纱（压）	选用 2~3 把梳栉，改变梳栉的衬纬或压纱状态	
7		地组织 地组 2 2竖线地组织	可表示第 2、第 4、第 10 种地组织	
8		地标线	关闭、显示地组织标志线。并输入参数	
9		梳栉编号	能改变梳栉 2/5/8 的编号，并能自动用红色来区分当前梳栉与其他梳栉的碰撞关系	
10		梳栉排序	能按梳栉编号、起始位置、纱线层次、链块进行排序	
11	图形变换	加入花型	可调用已存的花型。增加梳栉：花型叠加，增加花高：智能化添加花高	
12		梳栉起始位置移动	可选取梳栉号进行左右手起始位置的移动，按 CTRL←/→；或 "M_R" 拖动	
13		移花中心	可移花梳栉花型中心起始位置。"~" 键按下后，左键点击的当前位置被移动到屏幕中心	
14		花型放大	花型放大，按 "M_L"，"M_R" 或按 "2" 或 "1" 键可进行花型的自动缩放调节	
15		纵横比例	可调整梳栉图的纵向横向比例	
16		取消梳栉	可取消或恢复所选中的梳栉。"M_L" 选梳，F4 可恢复	
17		花型复制	花型梳栉图形的左右/上下/正反向复制	
18		梳栉复制 JJ	可进行单个或多梳栉的整体复制或局部复制。S：单梳栉复制；M：多梳栉复制	红色表示梳栉选中
19		梳栉交换	可在原梳栉和目标梳栉间进行梳栉轨迹点交换	
20		梳栉配色	改变梳栉颜色号，"M_L" 选梳，按 Enter 键，输入梳栉编号，或按 ↑↓ 键前后改变颜色	

序号	功能	子功能	功能简要说明	备注
21	图形输出	链块统计图	按链块的双倒/后倒/前倒/平倒进行统计，按 可预览	
22		排针图	打印排针图，根据布幅数和最小布边针数自动设置左右布边排列针数据。按 可以第二种方式显示，按 可预览	
23		聚集点阵图	用光点表示的三角矩阵来表示两把梳栉及其最短距离	
24		聚集方阵图	按工作线分组计算的梳栉间最短距离值，三角矩阵的集合	
25		纱线层次	可改变纱线的层次用"M_ L"选梳，用↑↓改变梳栉层次	
26		花层参数	可改变当前纱线层号、纱线宽度、当前层颜色和原料	
27		染色图	可改变当前纱线层号的颜色	
28	数据输出	链块统计表	可显示或打印链块的统计情况	
29		整经工艺	打印或屏幕显示整经工艺，根据最小布边针数等排列图参数，计算各把梳栉整经头数、穿空比等	
30		织物克重	可计算单个花型循环的坯布长度重量、梳栉的米长和各花层所用原料、长度重量及比例	
31		工艺参数	可输入梳栉的花宽、花高、机号、密度等工艺参数	
32		链块统计移动	调整单把或多把梳栉的最小链块及整个梳栉工艺的左右起始位置	
33		选择花链工艺	可选择输出单把梳栉链块大小	
34		整套花链工艺	可输出整个梳栉链块大小	
35	功能扩展	调用图像	调用一特定图像（每种颜色代表一把梳栉）	
36		生成梳栉	对上述行特定图像进行处理，自动输出梳栉链块	
37		用扫描图作背景	用在扫描图作背景上作梳栉图	

（二）花边 CAD 系统设计步骤

1. 扫描 可选用 Photoshop 等绘图工具。

（1）选"文件"／"输入"／WIA_ BENQ。

（2）选用 工具：剪切 1.5~2.0 个大小花型。

（3）选用"文件"／"保存为"，选 bmp 格式。

2. 图像处理

（1）选"文件"/"调用"功能。

（2）可选用"图像处理"/"缩放"功能。

（3）再选用"图像处理"/"亮度"。

（4）选"文件"/"保存为"，选 bmp 格式。

3. 画梳栉图形

（1）选"文件"/"打开"，调用图形。

（2）选 图标，点"扫描图作背景"。

（3）选用 图标，或"文件/调用花形"。

（4）选用 Gy 工具，改工艺参数。

（5）选用 图标，改文件名字。

或"文件"/"保存为"→ *.pat。

（6）选 图标：拉一个花高花宽，定一个完整花型。

（7）选 图标：移动好一个完整花型的位置。

（8）按"Scroll_ Lock"，再按 ，可以用"Tab"归位。

（9）选 ●：画梳栉（可选 等工具）。

（10）去底网，精确画梳栉。

（11）"数据输出"/"链块统计/移动"，如图 6-21 所示。

（12）选 ：进行调整纱线层次。1 层底网，2/3 层衬纬，4/5 层压纱。

（13）选 ：改变花层参数，如图 6-22 所示。

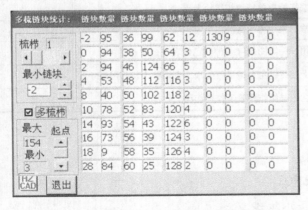

图 6-21　"数据输出"→"链块统计/移动"

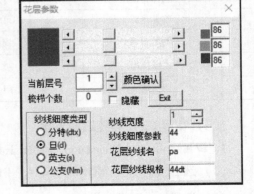

图 6-22　花层参数

（14）选 ：进行梳栉编号（表 6-3）。

表 6-3　梳栉编号

4	2	3	1
8	6	7	5
12	10	11	9

（15）选 ⚏：进行聚集自动分析，如图 6-23 所示。

（16）选 Cy，进行改变工艺参数。

（17）选 ▤：可打印排针图。

（18）选"数据输出"／"打印链块图"可打印输出链块图。

（19）选 🖨，📇可打印梳栉图。

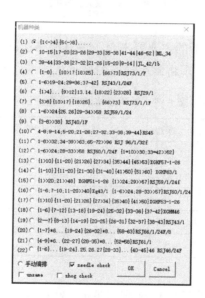

图 6-23　聚集自动分析

四、经编贾卡设计 CAD 系统功能介绍

（一）贾卡花纹意匠图的制备

在小方格纸中，根据织物组织结构用四种不同的颜色涂覆相应的小方格。通常密实组织在格子中涂红色，稀薄组织在格子中涂绿色或蓝色，网孔组织在格子中以白色（或不涂色）标记。贾卡组织、移位针、控制纹板和意匠图之间的关系见表 6-4。

由表可知：意匠图中涂有颜色的每个格子代表两相邻纵行之间，A、B 两个横列的贾卡花纹的组织状况。在贾卡经编机上编织织物时，如果以所需的花纹廓线为上述三种组织的界线时，在相应的纹板控制下，就能编织出所需要的各种花纹的织物。

表 6-4　贾卡组织、移位针、控制纹板和意匠图之间的关系

序号	制 备 关 系		织 物 组 织		
			厚实组织 （三针距衬纬—编链）	稀薄组织 （二针距衬纬—编链）	网孔组织 （一针距衬纬—编链）
1	贾卡导纱针编织的组织				
2	相应的移位针状况	A 横列	H（在高位置）	H（在高位置）	L（在低位置）
		B 横列	L（在低位置）	H（在高位置）	H（在高位置）
3	相应纹板上的孔位	A 横列	有孔	有孔	无孔
		B 横列	无孔	有孔	有孔
4	在花纹意匠格子中的色标		红色	绿色	白色

贾卡花纹意匠图的设计有如下步骤。

1. 绘出花纹小样　工艺美术人员通常以成品的实际尺寸或缩小的尺寸绘出所要求的花纹。

2. 选择意匠纸　选择意匠纸的主要要求是，使其中格子的纵边长和横边长的比例与成品织物的纵密和横密比例相一致。现将常用规格的格子意匠纸列于表 6-5 中。

表 6-5　常用规格的格子意匠纸

意匠纸规格	纵边长∶横边长	转过 90°使用	纵边长∶横边长
8×8	1∶1	8×8	1∶1
8×9	1∶1.13	8×7.1	1∶0.88
8×10	1∶1.25	8×6.4	1∶0.8
8×11	1∶1.38	8×5.8	1∶0.73
8×12	1∶1.5	8×5.3	1∶0.66

例如，设计一成品织物的纵密为 11.8 横列/cm（30 横列/英寸），横密为 4.7 纵行/cm（12 纵行/英寸）。因为意匠纸中每一横条代表两个横列，所以纵向 2.54cm（1 英寸）中应有 30÷2＝15 横格。其格子的纵边长∶横边长＝12∶15，即 1∶1.25，所以应选 8×10 规格的意匠纸。

3. 将花纹转移到格子意匠纸上　如花纹小样与成品织物是同样大小的，并且意匠纸的格子纵密和横密也与成品织物的密度是一致的，则可将透明的格子意匠纸覆盖在小样上，将花纹勾画在意匠纸上。如小样大小与织物不相同，则可采用下列三种方法。

（1）利用光学投影设备，将画在透明纸上的小样投射放大到格子意匠纸上，使投影花纹的大小符合设计所要求的格子数（即纵行和横列数），然后将花纹勾画在意匠纸上。

（2）利用缩放仪将花纹转移到意匠纸上。

（3）用画方框法将花纹转移到意匠纸上。

4. 涂色　按花纹组织或色泽的不同区域，用规定的不同色彩对意匠纸上的花纹区域涂色，从而获得贾卡花纹意匠图。图 6-24 为一个贾卡花纹意匠图的简单例子。

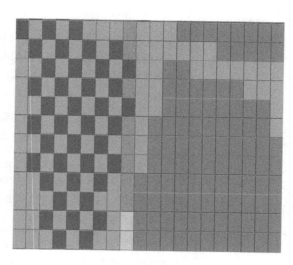

图 6-24　贾卡花纹意匠图实例

综上所述，贾卡拉舍尔经编机上的织物花纹组织是由一套纹板控制的。每块纹板控制一个横列的编织。各根贾卡花纱的垫纱运动都由纹板上相对应的孔位控制。因此，对每块纹板的冲孔是按贾卡花纹意匠图中每一相应横列的色标依次冲轧的。所以编织织物的纵向完全花纹的横列数就是这套纹板的块数，而织物横向完全花纹的纵行数，就是每块纹板上一个冲孔循环的孔位数（指单吊）。

（二）经编贾卡 CAD 设计功能

贾卡经编 CAD 系统功能见表 6-6。

表 6-6　贾卡经编 CAD 系统功能描述表

序号	功能	子功能	功能简要说明	备注
1		设置工艺参数 Gy	在对话框中选择工艺参数	
2		画点（POINT）	用于随机选中画点	
3		画直线（LINE）	用于任意范围填充实心矩形	
4		画圆弧	用于直线连接两点	
5	画图基本操作	画空心矩形	用于圆弧连接两点	
6		画实心矩形	用于任意范围填充实心椭圆	
7		画空心圆	用于任意范围填充空心矩形	
8		画实心圆	用于任意范围填充空心椭圆	
9		颜色选择 等	用于当选取不同的颜色填充时，表示填充不同的组织，具体组织由针法设置决定	

序号	功能	子功能	功能简要说明	备注
10		单色填充	主要用于色块的填充。用同一种颜色圈取一定的封闭区域后，可用此工具直接进行色块的填充。在不换颜色的情况下，可以无数次执行	
11		小区域替换	主要用于小区域单色替换。同色组织上下左右相连时，选取要替换的颜色，可用该工具直接进行颜色的替换	
12		颜色替换	主要用于全部区域单色替换。作图过程中，作图区域全部同种颜色需要替换，选取要替换的颜色，可用该工具直接进行颜色替换	
13	画图基本操作	区域组织替换	主要用于一定区域组织的替换。点击填充组织，左键在框取所要替换的区域，右键显示组织替换对话框，选取贾卡组织（可选择已有组织或者设计新组织，并可点击增加新文件进行保存以备下次使用），确定即可，配合着任意形进行使用	
14		组织保存	用于新组织的保存。点击设计新组织图标，左键在设计图上把需要保存的组织框取，右键显示组织保存对话框，保存即可	
15		JK 面选择 Jk	用于选择贾卡 1 面或者贾卡 2 面，在界面下方查看当前界面所属贾卡面	
16			用于同时显示贾卡两面的贾卡组织，外圈显示贾卡 1 面或者贾卡 2 面	
17		□	用于移动局部模式	
18		CF	用于清除局部模式	
19			用于将贾卡组织转换成多梳组织	
20		上下左右移动当前页面图案	用于贾卡组织的整体移动。点击贾卡移动图标，利用 ↑ ↓ ← → 键进行移动	
21		保存文件 SV EL	用于保存工艺文件，可选择的有 hzc、szc、MC、mko 等文件格式	
22		引用文件 LD EL	用于打开工艺文件，可选择的有 hzc、szc、MC、mko 等文件格式	
23		TL	用于左转	
24		TR	用于右转	
25		针法设计与查看	用于针法的设计与查看	

（三）贾卡织物设计步骤

1. 工艺参数设计　选 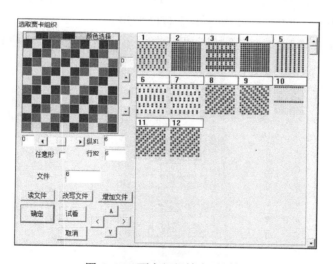 Gy，对机器型号、花高、花宽等参数进行设置。

2. 导入花型　导入花型轮廓图，可将其转换成贾卡组织图。

3. 针法设计　选 　，对不同颜色代表的贾卡组织的垫纱运动进行设置，可形成厚实、稀薄、网孔等不同层次的贾卡组织单元。例如，白色、蓝色、绿色、红色这四个命令在工具栏中分别有与之相对应的工具按钮，它们分别代表了网孔、稀薄、稀薄和厚实。

4. 贾卡设计　设计贾卡织物的花型，主要表现为在花型轮廓图中填充不同的贾卡组织单元，包括以下几种方式：

（1）设计新组织。主要用于设计新贾卡花型组织。通过不同颜色色块搭配，设计出各种层次、网眼花型的贾卡意匠图，形成一个循环的方格花型新组织。

（2）储存新组织。主要用于储存设计好的新组织，方便后续使用。点击其左侧"选择"虚线框，用虚线框框选之前做好的方格花型新组织，选好后可存储该新组织。

（3）填充组织。主要用于对一定的区域进行组织填充，可快捷使用已经设计好的新组织。在执行填充组织命令后用虚线框选择要填充的区域或色块，点击右键会出现如图 6-25 所示的对话框。

图 6-25　贾卡组织填充对话框

（4）调用贾卡。该命令主要用于调用上次保存的贾卡意匠图雏形文件。

（5）显示贾卡走纱。该命令主要是用于设计过程中是否同时显示贾卡纱线的走纱情况。

（6）显示贾卡。该命令主要用于显示和隐藏贾卡方格意匠图形。

5. 存储 *.col　该命令主要是用于存储已经完成的贾卡意匠图文件。在点击该命令后会出现对话框，在确定了保存路径及文件名后点保存便实现了存储已完成贾卡意匠图文件的保存。

6. 调用 ∗.col 该命令主要是用于调出存储的贾卡 ∗.col 文件（已完成的贾卡意匠图）。

7. 合成 col 该命令主要是用于最后贾卡图形的合成。在执行该命令以前，必须先做好以下工作（以图 6-26 所示数据为例）。

图 6-26　排针图数据

（1）运行排针图 ▨，得到如图 6-26 所示的数据。

（2）由图 6-26 所示数据算出其总布宽、布边数、每幅布的条数。由图中数据可知，此花型共有 2 幅 19 条，每条 160 针，共 3040 针，再加上 2 幅 4 条，每条 20 针，共 80 针的布边，总共需 3120 针的宽度。由于机宽是 3136 针的宽幅，所以还余 16 针的空针布边。

（3）在计算好以上数据后，点击"工艺计算" ▨，在对话框的花型宽度中设置布边的宽度。点确定后，工作区将生成所设置宽度的布边。运用"填充组织"功能将此布边填充成基本组织，并保存为 ∗.col 的文件，以便在合成时调用。

（4）在完成以上工序后执行"合成 col"命令。在点击该命令后会出现如图 6-27 所示的对话框。

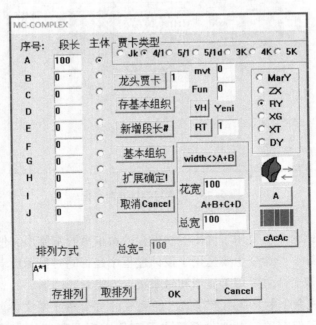

图 6-27　"合成 col" 对话框

在此对话框中"序号"表示的是，最后合成图形依次从左至右的组织文件的排列次序。"文件"一栏依次显示的是文件名。"组织"可以通过其下的按钮依次导入之前所做的组织文件。"循环数"设置图形文件在当前位置的循环次数。"存储组织"在完成了文件的导入以后，可以将组织文件进行最后的合成保存。"龙头贾卡"在保存完合成贾卡组织后，就可以生成最后的上机龙头贾卡文件。点"确定"就完成了贾卡组织的合成。

因此，在图 6-27 对话框中：第一个组织文件是导入的 16 针的余宽布边，它的循环次数为 1 次；第二个导入的文件是布边组织文件，它在此的循环数也只有 1 次；第三个导入的文件是花型文件，由于共 2 幅 19 条，所以可以设此幅循环数为 10 次；第四个导入的文件是两幅布其各自的中间布边，因此它的循环数应设为 2；第五个导入的文件是第二幅布的文件，它的循环数为 9 次；第六个导入的组织文件是最后一条布边，它的循环数为 1 次。其花型排列图如图 6-28 所示。

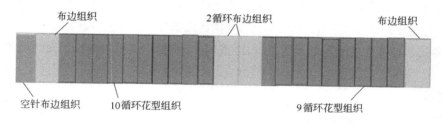

图 6-28　花型排列图

8. 保存龙头贾卡　该功能主要用于保存在设计贾卡意匠图的过程中保存贾卡意匠图雏形文件。

9. 存电子贾卡　该命令主要用于存储已完成的贾卡意匠图图形（.bmp.dib 格式）。在确定保存路径及文件名后，点保存便实现了电子贾卡的保存，文件将被保存为 24 位图的 .bmp.dib 格式。

（四）经编贾卡织物设计举例

花型设计有来样设计和新品设计两种。下面以来样设计为例说明应用 CAD 系统进行贾卡花型设计的具体步骤。

1. 分析织物　确定织物的基本工艺参数，包括织物的循环宽度和高度，即花高和花宽，织物的纵密和横密等。花高必须是偶数，且必须是一个完全地组织循环的横列数的倍数，在带贾卡组织的织物中则需是贾卡完全组织的倍数，才能使花型连贯。

2. 扫描织物　为使扫描图片清晰，建议使用的分辨率为 300dpi，色彩选择 RGB 色彩，缩放设定为 100%，即按照 1∶1 的比例进行织物扫描。这样在后面的图像处理和花型设计中，可以使织物的意匠效应与实际布样相符。为了能够准确选定一个花纹循环，扫描处理或绘制的图像必须大于一个花纹循环。

3. 工艺参数输入　利用本系统对工作花型进行设计，输入花高、花宽、纵密和横密等参数，把工作花型转成意匠图，必须保证花高和花宽能够被基本组织或变化组织的高度和宽度所整除，否则花型的各个循环之间会过度不连续。

4. 意匠绘制 应用本系统对扫描后的织物图片进行效应层次分割，用不同的颜色填充各个效应层次，其中用红、绿、白分别表示厚实、稀薄或网孔贾卡效应，其他各种变化效应可以使用其他各种颜色来填充。接着，系统对各个代表效应的配色区域填充基本组织或变化组织，生成意匠图。

5. 意匠图处理 此前意匠图中各种颜色仅仅表示某种效应，并没有具体的厚薄等意义。系统对意匠图进行处理后，就可以把花型意匠图转换成可以生产的意匠图，此时意匠图中各种颜色已经具有相应的意义。在本系统中：绿色代表基本贾卡组织，红色代表厚组织，白色代表薄或网孔组织。转换处理完毕之后，还可以根据要求作局部修改，修改完后的结果以 *.yjt 的格式自动保存为当前的意匠图。

6. 生成控制信息文件 意匠图完成后，系统可对意匠图上的各个配色进行定义，即对红色、绿色、白色等配色指定实际的控制信息，如红色控制信息为 HT，绿色控制信息为 HH，白色控制信息为 TH。定义完所有的颜色后，就可以把意匠图转化成可以控制机器编织的花型文件。

7. 真实效果仿真 选用菜单"工艺输出/真实效果仿真"，就可输出布面的真实效果仿真。

☞ 思考题

1. 试简述经编 CAD 系统的主要功能。
2. 在多梳栉拉舍尔经编机中为什么要采取梳栉集聚？
3. 画出六角网孔组织的垫纱运动图并写出其数码表示。
4. 为避免梳栉碰针，应遵循哪些原则，梳栉应怎样分配？
5. 描述几种贾卡梳栉的偏移组织及垫纱数码。
6. 说明多梳栉经编针织物花型设计的基本步骤。

☞ 上机实验

1. 根据所学经编知识及设计原理，设计一款多梳空穿组织。
2. 根据本章的工艺设计方法，设计一款多梳栉花边产品。
3. 根据贾卡经编织物的设计原理，设计一款贾卡产品。

第七章 电脑横机成形针织服装 CAD 系统

本章知识点

1. 电脑横机毛衫CAD程序设计系统的特点和应用。
2. 电脑横机CAD程序设计系统的基本功能。
3. 电脑横机CAD针织物组织设计方法。
4. 成形针织服装设计原理及算法。

第一节 概述

针织电脑横机是一种自动化程度较高的针织编织机械，在针织类产品生产中有着广泛的应用。将 CAD 技术应用于电脑横机编织程序的编制，形成电脑横机专有的 CAD 系统，极大地缩短了设计时间，使适应市场需要的周期短、效率高、品种多、变化快的生产方式成为可能。随着现在计算机技术和工业的迅速发展，应用于电脑横机的 CAD 系统的功能逐渐强大，界面逐渐友好，操作和使用也越来越方便。

现阶段电脑横机主要应用在成形产品的设计和生产当中，电脑横机 CAD 软件主要包括成形设计软件和制版软件两大类。

一、电脑横机成形工艺设计软件

羊毛衫服装产品的设计需要确定所用原料种类、织物组织、服装款式、配色方法、编织、成衣、染色后整理工艺等多个方面。其中，关键的环节是款式设计和编织工艺的设计。款式新颖、设计周期短是企业在市场中的立足资本，编织工艺的正确性会影响到企业生产的效益。这两个方面是羊毛衫设计的重点。

在当今时装潮流的影响下，羊毛衫生产也日益向着小批量、多品种方向发展，在此情况下，提高生产效率成为首要的问题，而如何缩短产品的设计时间则是提高羊毛衫生产效率的关键。在羊毛衫 CAD 系统中，比如说，用户只要选择工艺单制作，然后输入款号，根据不同的特征选择要做的服装类型和规格参数编辑等，就可立即得到羊毛衫产品的操作工艺单。改变了以往用纸、笔加计算器的设计过程，可大幅节省时间，并且程序设计具有用户友好的界面，可方便用户对不满意的工艺计算结果进行修改。

本系统所有相关数据处理都是基于羊毛衫的工艺指标及设计计算的原始数据的基础上。系统功能分为款式设计、号的标准定义、精细分步计算、设计工具栏、工艺单和计算器六大部分。该系统是由工艺员管理，分别从款式、款号及羊毛衫的各个部位的规格计算，然后制作的工艺单的一系列过程。并对工艺员提供简单的计算器。

整个系统的整体框架如图 7-1 所示。

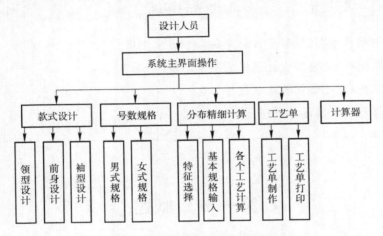

图 7-1　羊毛衫 CAD 系统功能模块图

二、常用电脑横机花型设计系统

M1 程序设计系统是继 SIRIX 之后斯托尔公司推出的新的设计系统。该系统在 Windows 操作系统下运行，通过汇通纺织绘制编织工艺图和织物结构图，形成所要求的织物结构；可以通过标准模块和创建自己的模块方便地进行程序编译；通过成型模块生成成型衣片，通过工艺数据行和相应的对话框输入、修改和选择工艺参数，如度目、牵拉速度等。

恒强系统是浙江恒强科技股份有限公司开发的电脑横机设计系统，在 Windows 等环境下运行，利用不同色块区分线圈种类，选择色块形成不同组织结构。该软件有自动编程功能，用以自动生成电脑针织横机产品的下位机控制数据，功能包括花型设计、图像解析、数据传输和自动编译等。

龙星电脑横机程序设计系统是在 Windows、VISTA 操作系统下运行，是一种色码式程序设计系统，即其所有的编织方式均由色码绘出，不同的色号代表不同的编织方式。龙星花型设计系统除具有花型和程序的输入、输出及编辑等基本功能之外，主要还有：①绘图功能，即通过绘图方式绘制花型图，形成所需要的织物结构；②功能条设置功能：可以设置密度、拉力、速度等基本参数，以及应用功能条的设置可以编织提花、嵌花、开领等组织；③花型处理及检验：解译图形可以将其转换成上机文件，之后通过查看纱嘴方向显示检查是否有误等。

以下以龙星电脑横机程序设计系统为例，介绍电脑横机 CAD 主要功能和设计方法。

第二节　电脑横机成形针织服装 CAD 系统基本功能

一、成形工艺设计软件基本功能

（一）工艺单制作的基本功能

工艺单制作部分实现的主要功能是根据用户输入的特征选择和输入的工艺参数进行计算。程序中设计的特征选择主要分为九大类：款式、领型、袖型、肩型、形状、腰型、上胸宽、做工和服装对象。

（1）款式分为开衫、套衫、背心、裤子和裙子。

（2）领型分为 V 型领、圆领、一字领、小翻领和杏领。

（3）袖型分为斜袖、直袖和马鞍袖。

（4）肩型分为前后肩平收针、后肩收针、记号肩、插肩和马鞍肩。

（5）衫身分为 H 型、Y 型和 X 型。

（6）腰型分为直腰、收腰和下腰变化。

（7）上胸宽分为不收上胸宽和收上胸宽。

（8）做工分为快速和精细。

（9）服装对象分为男装、女装和童装。

为了减少用户的输入量，方便用户使用，特别是一些对羊毛衫不太熟悉的用户，本程序只要求用户输入一些最基本的参数，如规格尺寸、密度等，而将缝耗、收放针、修正值等放到后面的计算公式中，这样可大幅节省时间和不必要的重复输入。尺寸输入对话框如图 7-2 所示。输入参数后可以得到羊毛衫的工艺制作图，如图 7-3 所示。

（二）款式设计的基本功能

款式设计是羊毛衫设计的中心任务。羊毛衫款式设计的优劣将直接影响羊毛衫的销售，进而影响企业的经济效益。

羊毛衫的款式多种多样，给计算机辅助羊毛衫款式设计带来了一定的困难。一件羊毛衫大致由领、袖、身等几大部分组成，各组成部分千变万化，形成了各种风格和艺术格调的羊毛衫。但通过调研和查阅资料发现，羊毛衫的领、袖、身基本形状变化不大。因此，可以将不同的领型、袖型、身型作为款式设计的基本绘图图素，设计人员根据需要随时调用这些图素排列组合，即可设计出满意的款式。基于实用性和普遍性的原则，本设计系统采用了几种常用的领型（如圆领、V 领、一字领等）、袖型（如直袖、斜袖、平袖）和身型（如 H 型、V 型、X 型）作为基本绘图图素。通过这些领型、袖型和身型的组合，可得到几十种基本类型的羊毛衫款式。

羊毛衫的款式就是借助于人体基型以外的空间，用原料特性和制作工艺手段，塑造一个

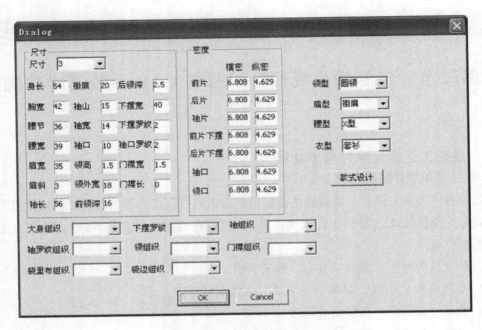

图 7-2　尺寸输入对话框

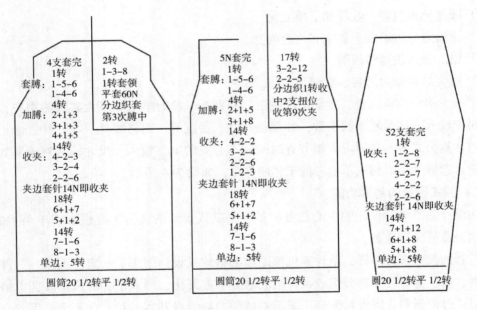

图 7-3　工艺单显示

以人体和原料共同构成的立体服装形象。

1. 设计步骤

（1）根据人的体型，首先建立羊毛衫服装的基本原型。

（2）按照服装的结构特点，将服装拆分成大身（前片、后片）、袖片、领片和口袋等几个部分。

（3）建立各部件原型，以利于对它们进行任意的组合，得到不同的款式。

款式设计的主界面如图 7-4 所示，它具有款式选择及确定、款式效果显示、文字编辑和打印等功能。

2. 系统功能

（1）款式选择及确定。点击款式设计菜单，弹出款式选择对话框。可根据要求选择套衫、开衫、裤子等几大类，并确定设计款式的领型、肩型、身型等。也可以在已有款式的基础上，通过改变基本构件的选择而改变款式。

（2）款式效果显示。在款式确定对话框中确定了领型、肩型、身型等内容，程序会自动在屏幕中显示由这些基本构件组成的款式并标注尺寸。如果修改了这些内容，也会在屏幕中同时显示。

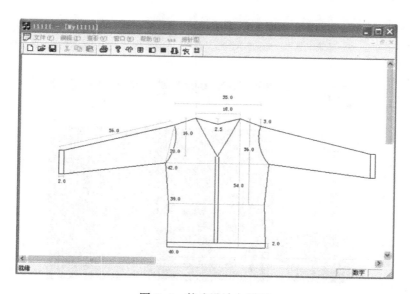

图 7-4　款式设计主界面

（3）文字编辑功能。有新建、打开、保存、打印等文字服务功能，方便款式的存储及检索。

二、龙星花型设计系统的主要功能

龙星电脑横机程序设计系统界面如图 7-5 所示，包括菜单栏、系统工具栏、基本作图工具箱、色码表、导航条和状态栏。

（一）菜单栏

菜单栏如图 7-6 所示，包含文件、编辑、工具列、设置、模块、花形库等工具，它们的作用和界面中工具条具有一样的作用，可以新建图形文件或是打开已有文档，并对绘图区进行绘画、复制、粘贴等具体操作，从而得到预期的花型文件。

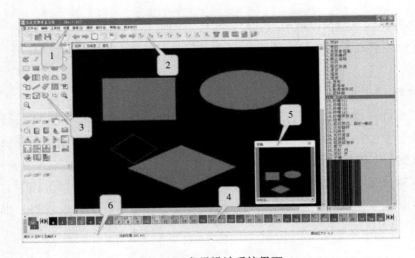

图 7-5　龙星设计系统界面

1—菜单栏　2—系统工具栏　3—基本作图工具箱　4—色码表　5—导航条　6—状态栏

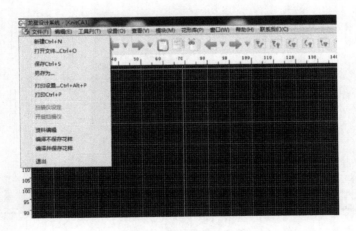

图 7-6　菜单栏

1. 文件

（1）新建。新建有三种方式：

①菜单：文件→新建；

②点系统工具栏的 按钮；

③按"新建"快捷键"Ctrl+N"。

图 7-7 为新建花型画布尺寸选择，当使用自定义大小选项时行数（高度）或针数（宽度）设定如果少于制版系统要求，软件会自动弹出报警出错窗口。本软件画板及作图区最小设定值为 32×32。如果第一作图区开针数或行数两个数值中只要其中有一项小于 32，则制版软件将提示出错警告，无法开启作图区，需指定合适大小的画板尺寸。

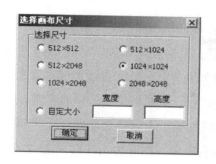

新建花型

图 7-7　新建花型

（2）打开。打开有两种方式：

①菜单：文件→打开；

②点系统工具栏的 按钮。

（3）保存。保存有三种方式：

①菜单：文件→保存；

②点系统工具栏的 按钮；

③按"新建"快捷键"Ctrl+S"。

2. 编辑　如图 7-8 所示，以虚线为分隔点，前半部分控制主绘图区域的复制、剪切、撤销、恢复以及粘贴等操作，后半部分控制功能区域内的复制、剪切、撤销和恢复操作。

编辑工具

图 7-8　编辑工具

（二）绘图工具

1. 基本绘图工具　基本绘图工具如图 7-9 所示，使用绘图工具，既可以用光标直接画图，又可以在花型中选择区域，进行区域操作，还可以对花型区域进行编辑，其操作和大部分绘图软件一样，可以通过直接点击按钮的方法来直接激活工具。

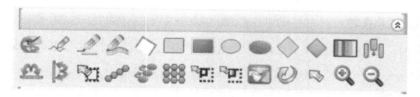

基本绘图工具

图 7-9　基本绘图工具

143

（1）　选色。点击选色，选择色码或绘图区涂层颜色，调色板会变成相应的颜色。

（2）　点。选中此按钮后，可对任何点进行单击即可把单击处使用选择的颜色进行填充。拖拽鼠标，能够用当前的色块自由地绘制点或曲线，单击一次为一个像素点，按住左键不放拖动光标则可以画出连续线段，到目标位置后释放左键。

（3）　直线。使用指定的色块，光标移至起始点，单击左键后拖动光标至结束点再单击左键完成。如果需要取消当前操作，在拖动光标后单击右键，即可取消，一旦直线已绘制需要撤销则必须使用撤销或删除等工具。

（4）　弧线。先确定弧线的长度，然后再点击，根据鼠标的位置来改变弧线的弧度。

（5）　折线多边形。左键单击作图区起始点，拖动光标即可绘制折线，在想要新线段出现的每个位置左键单击两次，或者在其他任意位置单击后拖放光标至想要的位置后单击一次，如果需要封闭图形，在起始点附近单击即可封闭线段。

（6）　空心矩形、实心矩形。选择颜色，在绘图区点击，选择大小，再点击即完成操作。点击"Shift"再作图，可使图成为正方形。

（7）　空心椭圆、实心椭圆。选择颜色，在绘图区点击，选择大小，再点击即完成操作。点击"Shift"可使图在正圆形和椭圆形之间进行切换。

（8）　菱形。选择颜色，点击图标自动出现菱形设置进行尺寸设置。

（9）　边框。为选定区域添加边框，分为上、下、左、右和全边框。

（10）　插针/插入空行、删除行。点击插针，每点一下默认插入一格（插入针与点击处颜色相同）；点击图标会自动显示插针（行）/删针（行）数据设置。

（11）　水平、垂直填充。在原有图形基础上，在两块图形中间填充一行或一列线圈。

（12）　圈选。左键单击工具栏中的圈选区图标。光标移至图形起始点后单击鼠标左键，拖动光标至图形结束点处单击左键结束。选出目标圈选区，以便编辑（复制、粘贴、剪切等）。

（13）　复制。包括线性复制、多重复制、平面复制、拖拽复制和单色复制，用来满足不同形状和形式的花型复制。

（14）　小图填充。先复制任意一个图形，再圈选一个区域，然后点击小图填充图标，再点击圈选中的区域，就可以将复制图形填充至该区域。

（15）　回到原点。可以将桌面返回到最左边、最下方位置。

（16）　卷动。点此按钮后，可移动整个绘图区域的位置。

（17）　放大、缩小。可以改变绘图区域图形的大小，单击图标后在图形区某一区域（以光标为中心）单击一次，放大 100%或缩小 50%，直至最大或最小。

2. 主绘区工具　主绘区工具主要对主绘图区内的花型进行编辑，工具图表如图 7-10 所示。

图 7-10　主绘区工具图标

（1）清除。可以根据需求点击清除、清除区域内部或清除区域外部，可使绘图界面上相应的内容消去。

（2）换色。点击换色工具，选择被替换颜色与替换颜色。如果当前图形有需要的色块，可直接单击左键选用，如果没有则在色块区中选择，也可单击当前色块任意选择一个颜色，再单击可以从弹出窗口中直接输入色块数字编码。如需多色同时置换则重复上述动作，最后确定执行。

（3）喷枪和填充。选择颜色，在圈选内点进行喷枪和填充操作。

（4）文字与字体。选择字体列表，弹出字体选择窗口，根据需要选择其中的字体及大小，然后点击文字将光标定位到作图区相应位置后左键单击两次，出现白色的输入框，输入字母后按键盘回车键结束。由于文字输入没有撤销功能，一般最好是将文字输入在作图区空白处后根据需要的字体高度、宽度调整好之后通过基本工具栏中的选色区域复制功能将其拖放至目标区，结束输入文字功能请单击基本工具栏中的圈选图标或铅笔图标。

（5）阴影。点击阴影，选择所要添加阴影区域的方向、颜色和阴影颜色等进行操作。

（6）导入图片。点击导入图片可以导入所需要的图片。

（7）镜像。圈选目标图形，左键单击图标后，从圈选区中移出镜像后的图形至所点击图标提示的位置。

（8）插行、删行。点击图标设置插行、删行数据。

（9）翻转。使用圈选工具选中图案，再点击翻转使图形翻转。

（10）清边。点击图标，设置参数为选中图形加边。

（11）Package 展开。圈选要生成的 Package 小图后右击鼠标选择"保存 Package 花样"菜单，然后点击编辑菜单中的 Package，在弹出对话框中进行展开。

3. 指示区工具　指示区工具的操作对象是指示区的功能条，主要工具为清除，同样也可以根据需求点击清除、清除区域内部或清除区域外部，可使绘图界面上相应的内容消去。指示区工具如图 7-11 所示。

图 7-11　指示区工具

（三）色码

色码表如图7-12所示，不同的色码代表不同的编织动作，通过不同编织动作的配合可以形成不同花型组织。通过色码的编织符号，可以很容易明白它所代表的编织动作，便于绘图。共有256种色块（0~255）。

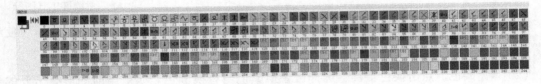

图7-12 色码表

（四）功能条

功能条（指示区）如图7-13所示，可以根据"指示"在功能条中填写相应的数值，控制绘图区的编织行为，例如，节约，即重复编织相应的行数；取消编织，即对于既有编织又有翻针动作的色码，可以取消编织动作；禁止连接，即对于可以自动翻针的色码如1、2、3，使其不执行自动翻针；编织形式，即可以右击鼠标选择嵌花、提花、V领等使绘图区编织相应的组织。

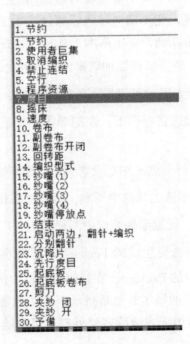

图7-13 功能条（指示区）

（五）花型设计主要流程

一般花型设计的流程主要包括新建文件、花型绘制、花型处理以及工艺参数设置和创建编织文件几个主要步骤，如图7-14所示。

图 7-14　花型设计主要流程

（1）花型绘制。先在纸上画出花型的意匠图，根据意匠图选择画图工具在花型视图中绘制花型，花型较简单时可以直接在设计系统中绘制花型。

（2）花型处理。采用主绘区工具对绘图区图形进行编辑和处理。

（3）工艺参数设置。完成图形绘制后编辑指示区功能条。

（4）保存和编译。保存文件并生成编译文件，如果花型设计有明显错误会有弹窗提示。

第三节　电脑横机 CAD 系统设计的实现

一、成形设计功能实现

下面首先介绍一下成形设计中毛衫款式的各个基本绘图图素。

1. 领型　在一般羊毛衫的款式设计中，上衣以领为主，同时配以不同形式的前身、袖等。很多羊毛衫上衣的名称都是以领子的形状加以命名的，领是毛衫服装造型中变化最多最引人注目的部位。款式栏中的领型有 V 型领、杏领、一字领、叠领、小翻领（图 7-15）。

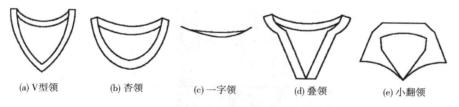

图 7-15　领型

2. 衫身　羊毛衫的大身设计是款式上衫身外形轮廓的造型设计，设计时必须结合人体体型，并结合毛衫服装造型美的原理来进行。当然，在设计时还必须了解毛衫衫身的流行趋势。一般来说，羊毛衫的衫身有 H 型、V 型、X 型和 A 型四大类，本部分提供了 V 型、H 型和 X 型三种比较常见的类型，如图 7-16 所示。

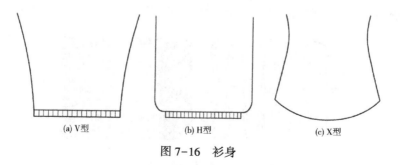

图 7-16　衫身

3. 袖型　羊毛衫的肩型和袖型的设计对服装效果的影响较大，并且它们是紧密联系在一起的。设计时，如果在工艺单制作中肩型已定，则其袖型也大致被确定了，反之亦然。因此，在设计肩型和袖型时，必须根据款式造型情况将两者的设计有效地结合起来，才能设计出适宜的袖型。基本袖型如图 7-17 所示。

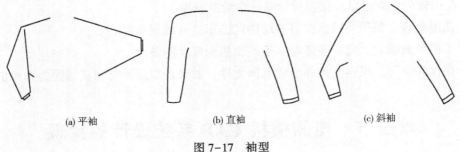

(a) 平袖　　　　　　　(b) 直袖　　　　　　　(c) 斜袖

图 7-17　袖型

二、电脑横机花型设计功能实现

（一）针织基本组织花型设计

1. 纬平针组织　纬平针组织是针织物中应用最广泛的一种织物组织。在主绘区采用 1 号色块绘制正面线圈、2 号色块绘制反面线圈。其线圈图和花型设计图如图 7-18 所示。

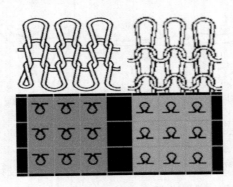

图 7-18　纬平针组织线圈图和花型设计图

2. 罗纹组织　罗纹组织是双面纬编针织物的基本组织，它是以一根纱线，依次在正面和反面形成线圈纵行。在绘制时选用 1、2 号色块纵向交替绘制，如图 7-19 所示。

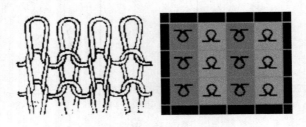

图 7-19　罗纹组织线圈图和花型设计图

3. 双反面组织 双反面组织是由正面线圈横列和反面线圈横列相互交替配置而成的。在绘制时选用 1、2 号色块横向交替绘制，如图 7-20 所示。

4. 双罗纹组织 双罗纹组织俗称棉毛组织，它是由两个罗纹组织复合而成的。使用色号 8、9，田字格交叉排列绘制花型设计图，如图 7-21 所示。

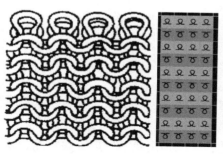

图 7-20 双反面组织线圈图和花型设计图

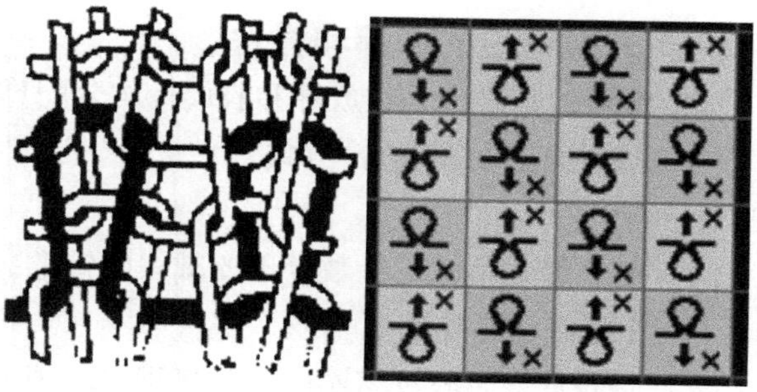

图 7-21 双罗纹组织线圈图和花型设计图

（二）花式组织花型设计

在实际生产过程中，花式组织也是电脑横机产品中常用的设计元素之一（图 7-22）。

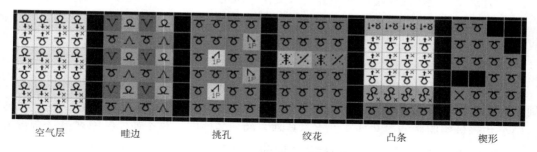

空气层　　　畦边　　　挑孔　　　绞花　　　凸条　　　楔形

图 7-22 花式组织花型设计图示

1. 空气层组织 在电脑横机上，空气层组织是由电脑横机前后针床分别编织纬平针且不相互连接来实现的，使用色块 8、9 横向交替绘制则为空气层组织结构。

2. 集圈组织 集圈组织是一种最常见用来提花的组织，常用的集圈组织结构有畦边组织和半畦边组织，通常采用色块 4、5 来实现集圈。

3. 挑孔组织 挑孔是移针组织，根据花纹要求，将某些针上的线圈移到相邻的针上，使被移处形成孔眼效应。色块 61~67、71~77 等都是用来完成挑孔花型的。

4. 绞花花型 绞花花型的排列原则是上索股与下索股相配；1 和 1 配，2 和 2 配；上下索股中必须保证有一个带有编织动作。

5. 凸条组织 凸条组织绘制色块号码为 10，8，70，局部凸条应该用拆行来解决，并注意纱嘴的进出方向。

6. 楔形编织 使用楔形编织不同颜色组织结构时注意纱嘴的运行方向。

第四节　成形产品 CAD 设计

一、成形编织的原理和方法

成形编织的核心就是收放针和收放针的分配算法。

（一）成形编织的收放针方式

1. 收针

（1）明收针。移圈的针数等于要减去的针数，在织物边缘处重叠线圈。容易导致边缘变厚、不利于缝合，影响美观。

（2）暗收针。暗收针移圈的针数多于要减掉的针数，使织物边缘不形成重叠线圈，便于缝合也更加美观。

（3）拷针。将要减去的织针上的线圈退下来，退出工作区域。简单、效率高但是容易纵行脱散，需要进行锁边处理。

2. 放针

（1）明放针。直接使要增加的织针进入工作，从空针上开始编织新的线圈。

（2）暗放针。暗放针是要增加的针进入工作后，将相邻的若干纵行线圈依次向外转移，形成较为光滑的织物布边。

（二）成形编织的收放针工艺算法

横机成形针织服装的工艺计算，是以成品密度为基础，根据成品部位的规格尺寸，计算并确定所需要的针数（宽度）、转数或横列数（长度）。同时考虑在缝制成衣过程中的损耗（缝耗）。成形针织服装的工艺计算方法不是唯一的，各地区、各企业，甚至各设计者都有自己的计算方法和习惯，但其计算的原理是相同的。只要设计计算生产出符合要求的产品均是正确的。

在进行工艺计算前，需要确定款式规格、机号、组织和成品密度。

1. 各部位编织工艺针数和转数计算

（1）针数。

$$针数 = 横向尺寸 \times \frac{横密}{10} + 缝耗针数$$

横向合摆缝耗一般取 0.5cm，细机号产品 3~4 针，粗机号 1~2 针，一般品种 2~3 针；纵向合肩缝耗一般 2~3 个线圈横列。

（2）转数。

$$转数 = 纵向尺寸 \times \frac{纵密}{10} \times 组织因素$$

在计算转数时要考虑组织结构的因素，组织因素就是转换系数。一般畦边、半畦边、双罗纹等组织的组织因素是 1；纬平针、罗纹、四平等组织的组织因素为 1/2；而罗纹空气层的组织因素为 3/4。

2. 收放针的分配　编织工艺会根据不同部位尺寸的变化进行收、放针的分配，分配后的针数变化和转数总数要与变化部位针数及纵向转数相对应。收放针分配法主要有四种，即直接分配法、拼凑分配法、交换分配法和程式分配法。

（1）直接分配法。又称直接搭配法，是将收针或放针针数和转数进行直接分配，得出分配结果为一段式的分配方法。

（2）拼凑分配法。又称拼凑搭配法，这是当收针或放针针数和转数不能直接分配为一段式时，将针、转数进行随机拼凑，得出分配式为二段式或多段式的分配方法。

（3）交换分配法。又称交换搭配法，这是当收针或放针针数和转数不能直接分配为一段式时，可以将针转数人为地加上或减去一定数 δ，以便使其能按直接分配法进行分配，在直接分配完成后，再将此人为加上或减去的数 δ 考虑进去，将一段式分配成二段式或多段式进行分配的方法。

（4）程式分配法。又称程式搭配法，即先按工艺要求，将收针或放针的分配方式，用含有 x、y、z 等未知数的式子来表示。然后，再根据所需收放针的针数或转数来列方程，并通过解此方程得出未知数 x、y、z 等的值。将这些未知数的值（有的值需讨论）代入含这些未知数的搭配式中，便得到了实际收放针的搭配公式。此法对复杂收针或放针分配的场合较为适用。

3. 工艺计算说明

（1）上述工艺计算是指常规产品，具体计算时间可根据实际情况调整修改。

（2）当织物中有特殊组织时，要考虑其对规格尺寸的影响，并在计算时加以修正。

（3）为便于操作，一般取针数为单数，特殊要求除外。

（4）根据尺寸计算出的针数和转数要适当修正，以达到所需要的整数。

（5）收、放针时，靠近边缘留有收、放针花的为暗收或暗放；无收、放针花的为明收或明放。先收或先放是指先进行收、放针操作，再平摇；否则为先平摇再进行收、放针操作。

（6）为便于各衣片缝合，应在对应位置标明对位记号。

（7）工艺计算时，成品的横密通常用 P_A 表示，单位为总行数（针）/10cm；成品的纵密通常用 P_B 表示，单位为横列数/10cm 或者是换算成为转数/10cm。

二、成形 CAD 系统基本功能

在针织毛衫的设计过程中，在进行花型设计之前要先将毛衫编织工艺单录入电脑横机制版系统当中。录入可以选择手工录入，即根据工艺单在绘图界面使用色码进行花型绘制；也可以选择成形设计界面进行录入。

（一）成形设计界面

在工具栏中点击"成型"工具打开成形设计界面，也可以点击菜单栏中的"查看"→"成型设计"按钮打开成形设计界面，如图 7-23 所示。

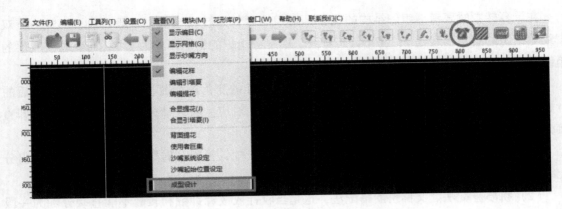

图 7-23　成形工具入口

成形截面如图 7-24 所示，主要包括外形选项设置、V 领位置设置、收针方式设置、机型选择、参数模式选择、编织形式选择和起底组织选择几个部分。

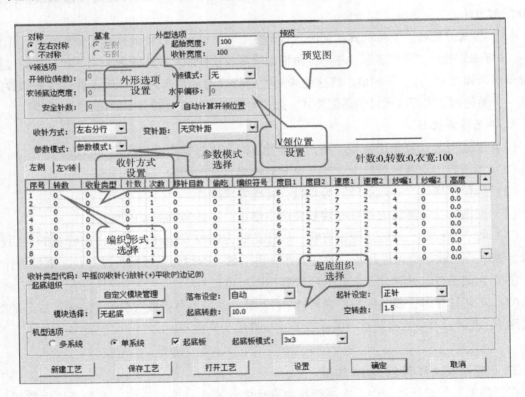

图 7-24　成形设计界面

（二）成形设计基本功能

1. 外形选项设计

（1）对称。分为左右对称与不对称。当选择了不对称时，基准栏被触发且分成了左右两侧，如图 7-25 所示。

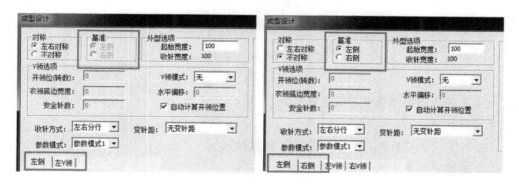

图 7-25 外形选项设计

（2）外型选项。分为起始宽度与收针宽度。

2. V 领位置设置

（1）V 领模式。分为拉网、V1、V2、V3、01、02、03、无。如果设成了"无"以外的选项，则 V 领参数被触发。

（2）开领位。设置 V 领开领位置。

（3）衣领底边宽度。设置 V 领底边宽度。

（4）安全针数。V1、V2、V3 与拉网、01、02、03 模式区别在于多一个安全针数。

（5）水平偏移。设置 V 领领底中心位置向左或向右的偏移针数，如图 7-26 所示。

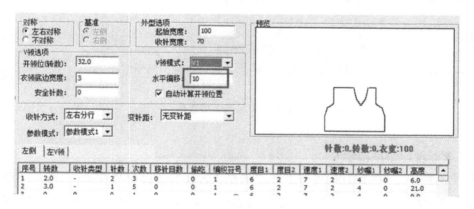

图 7-26 V 领水平偏移

3. 收针方式设置 如图 7-27 所示。

（1）左右同行。左右收针色码在同一行。

（2）左右分行。左右收针色码在不同行。

（3）左右复合。收针色码不一样，一边是先翻针再向左右摇床，另一边是先摇床翻针再翻针回来。

图 7-27　收针方式设置

4. 机型选择　确定功能线及起底板模块。

5. 参数模式选择

（1）变针距。无变针距、奇数针起始、双数针起始。

（2）参数模式。无参数、自定义参数等。

6. 编织形式选择

（1）转数。机头来回算一转。

（2）收针类型。包括平摇（0）、收针（-）、放针（+）、平收（P）、边记（B）。

（3）针数。只对收针与放针、平收有效。

（4）次数。设置机头的运转次数。

（5）移针目数。移针针数。

（6）偷吃。收针时除了所有收针线圈外向衣片内侧再少一针。

（7）编织符号。设置编织的形式。

（8）度目等其他。设置度目段数。

7. 起底组织选择　在起底组织选择中，可以选择起底的组织结构、落布的方式、起底的转数、起针的方式以及空转转数，如图 7-28 所示。

图 7-28　起底组织选择

（三）成形设计保存和导入

在完成成型工艺单的设计后可以点击"保存工艺"将工艺单保存成".gye"格式，在打开成形设计界面后可以点击"打开工艺"将保存好的工艺单调出来使用。设置完成后点击"确定"将花型放入主绘图区。

三、成形产品设计案例

（一）工艺单

图 7-29 所示为一款毛衫的前片工艺单，根据该工艺单利用成形设计功能制作电脑横机编织准备程序。

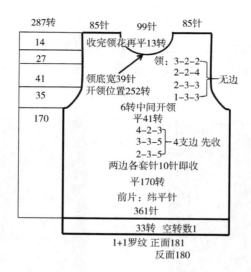

图 7-29　毛衫前片工艺单

（二）成形工艺单输入

根据工艺单在成形设计工具中进行设置，如图 7-30 和图 7-31 所示。

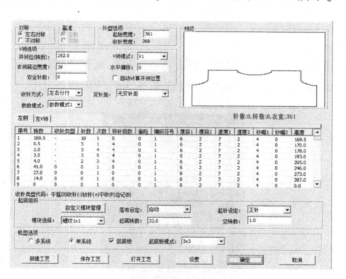

图 7-30　成形设计界面设置

序号	转数	收针类型	针数	次数	移针目数	偷吃	编织符号	度目1	度目2	速度1	速度2	纱嘴1	纱嘴2	高度
1	1.0	-	3	3	0	0	1	6	2	7	2	4	0	3.0
2	2.0	-	3	3	0	0	1	6	2	7	2	4	0	9.0
3	2.0	-	2	4	0	0	1	6	2	7	2	4	0	17.0
4	3.0	-	2	2	0	0	1	6	2	7	2	4	0	23.0
5	13.0	0	0	1	0	0	1	6	2	7	2	4	0	36.0
6	0	0	0	1	0	0	1	6	2	7	2	4	0	0.0
7	0	0	0	1	0	0	1	6	2	7	2	4	0	0.0
8	0	0	0	1	0	0	1	6	2	7	2	4	0	0.0
9	0	0	0	1	0	0	1	6	2	7	2	4	0	0.0

图 7-31　成形设计领子部位设置

（三）复制到主绘图区

1. 点击确定　将衣片图形放置在主绘图区域，如图 7-32 所示。

2. 成形设计　导入主绘区的衣片工艺需要进行一定的调整，使其能够顺利地完成编织。调整毛衫前排工艺单如图 7-33 所示。

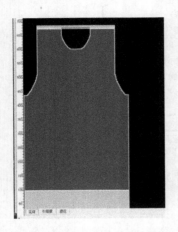
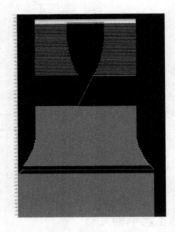

图 7-32　成形设计导入绘图区　　　　图 7-33　电脑横机前片编织工艺图

（四）花型编辑

完成毛衫前片工艺后，可以根据设计方案对毛衫进行局部花型设计或提花等花型设计和绘制，并设置指示区功能条工艺，完成电脑横机准备系统的制作，如图 7-34 所示。

图 7-34　毛衫前片编织工艺图

思考题

1. 试述电脑横机 CAD 系统的应用领域和发展方向。

2. 羊毛衫 CAD 系统由哪些模块组成？简述各模块的功能。

3. 说明电脑横机花型设计的主要流程。

4. 成形服装设计原理的核心是什么？

5. 成形衣片的收放针算法有哪几种方式？试介绍收针算法流程。

上机实验

1. 运用针织毛衫 CAD 系统结合本章所学知识分别设计男款、女款羊毛衫各一款。

2. 设计一款成形服装，利用电脑横机 CAD 系统进行成形产品工艺设计。

参考文献

[1] 罗桂兰. 数码印花图案设计技术研究 [J]. 印染助剂, 2017, 34 (8): 52-55.

[2] 魏孟嫂, 和杉杉, 隋阳华, 等. 功能性纺织品的上海市场调研及分析 [J]. 产业用纺织品, 2014, 32 (2): 35-39.

[3] 龙海如, 吕唐军. 纬编针织智能化技术与系统开发 [J]. 针织工业, 2016 (9): 17-21.

[4] 张晶. 基于 CAD 软件床品织物的设计与试制 [D]. 苏州: 苏州大学, 2009.

[5] 马凌洲. 计算机辅助织物创新设计与制作系统的研究与实现 [D]. 杭州: 浙江大学, 2005.

[6] 秦莹, 郑瑞平. 机织物组织设计系统的开发 [J]. 毛纺科技, 2018 (7): 13-16.

[7] 李善文. 浅谈电脑提花圆机的花型设计及上机调试 [J]. 针织工业, 2003 (4): 35-36.

[8] 蒋高明. 拉舍尔花边结构与仿真研究 [D]. 上海: 东华大学, 2007.

[9] 蒋高明. 多梳贾卡拉舍尔经编新技术探讨 [J]. 北京纺织, 2000 (4): 57-59.

[10] 张森林, 姜位洪. 花型设计技术的应用及其发展方向 [J]. 纺织学报, 2004, 25 (3): 126-129.

[11] 郑天勇, 黄故. 机织物外观分析及计算机三维模拟 [J], 纺织学报, 2001 (4): 40-42.

[12] 张瑞云. 织物设计与三维实体着装模拟系统研究 [D]. 上海: 东华大学, 2002.

[13] Dayid F. Rogers. 计算机图形学的算法基础 [M]. 石教英, 彭群生, 译. 北京: 机械工业出版社, 2002.

[14] 万爱兰, 缪旭红, 丛洪莲, 等. 纬编技术发展现状及提花产品进展 [J]. 纺织导报, 2015 (7): 35-39.

[15] 翁亮. 虚拟现实技术在纺织 CAD 中的应用 [D]. 杭州: 浙江大学, 2008.

[16] 任鸳, 张瑞云, 李汝勤. 国内外纺织 CAD 发展状况及动向 [J]. 纺织学报, 1999, 20 (6): 59-60.

[17] 张华, 胡思敏, 邓中民. 成圈型贾卡经编针织物的建模与仿真 [J]. 针织工业, 2014 (7): 70-73.

[18] 张灵霞, 张鸿志, 李英琳. CAD 在针织服装中的应用 [J]. 河北纺织, 2008 (3): 77-82.

[19] 李英琳. 纬编针织物三维仿真研究 [D]. 天津: 天津工业大学, 2013.

[20] 刘凤, 龙海如. 纬平针织物的计算机三维模拟 [J]. 纺织学报. 2007, 28 (12): 41-44.

[21] 王旭, 孙妍妍. 纬编针织物组织结构的三维建模方法研究 [J]. 河南工程学院 学报 (自然科学版), 2014, 26 (3): 6-10.

[22] 瞿畅, 王君泽, 李波. 纬编针织物三维仿真系统的开发 [J]. 纺织学报, 2011, 32 (4): 57-61.

[23] 陈敏, 刘建邦, 方园, 等. 双针床经编机成圈机构建模与运动仿真 [J]. 针织工业. 2017 (3): 11-14.

[24] 唐敏, 蒋高明, 丛洪莲. 双针床提花连裤袜工艺方法研究 [J]. 针织工业, 2008 (8): 17-20.

[25] 马维, 邓中民. 机织物外观的计算机三维模拟 [J]. 纺织科技进展, 2012 (2): 47-48.

[26] 蒋高明. 现代经编技术的最新进展 [J]. 纺织导报, 2012 (7): 55-58.

[27] 蒋高明, 应卫红. 现代多梳经编机结构原理与产品设计 [J]. 针织工业, 2001 (3): 19-21, 17.

[28] 蒋高明. 现代贾卡经编机结构原理与产品设计 [J]. 上海纺织科技, 2001 (5): 36-38.

[29] 缪旭红, 李筱一, 樊禹彤. 成圈型经编贾卡技术进展 [J]. 纺织导报, 2018 (5): 75-77.

［30］钟君 . 经编贾卡提花鞋面织物的设计与仿真［D］. 无锡：江南大学，2017.

［31］郭成蹊，李欣，柯薇，等 . 经编贾卡织物变化组织工艺探讨［J］. 针织工业，2017（10）：25–28.

［32］王然然 . 基于 KSJ 机型的经编贾卡提花织物图案设计［D］. 无锡：江南大学，2013.

［33］王钧荣 . 经编贾卡线圈的变形分析及三维仿真［D］. 武汉：武汉纺织大学，2011.

［34］王晗 . 纬编织物三维服装建模算法的研究与实现［D］. 杭州：浙江大学，2018.

［35］钟君，丛洪莲，张燕婷，等 . 经编双贾卡提花鞋面织物的计算机辅助设计［J］. 纺织学报，2016，37（11）：148–153.

［36］张爱军 . 经编毛绒织物的计算机辅助设计与仿真研究［D］. 无锡：江南大学，2018.

［37］蒋高明，顾璐英，董智佳，等 . 经编无缝筒形织物的计算机辅助设计［J］. 纺织学报，2011（1）：140–144.

［38］丁晟伟 . 提花织物计算机辅助设计和模拟［D］. 杭州：浙江大学 .

［39］诸葛振荣，陈希矛，潘乃光 . 提花织物计算机辅助设计系统［J］. 纺织学报，1992（9）：23–25.

［40］黄翠蓉 . 大提花织物计算机辅助设计系统的研究：意匠处理的研究［D］. 上海：东华大学，2002.

［41］徐军 . 机织物计算机辅助设计系统研究与开发：双层组织织物设计与模拟［D］. 上海：东华大学，2001.

［42］邓中民，陈明珍，吕红梅 . 贾卡提花织物的电脑辅助设计［J］. 纺织学报，2003（5）：4.

［43］邓中民，吕红梅 . 多梳栉经编花边电脑设计系统［J］. 针织工业，2003（3）：21–22.

［44］邓中民，吕红梅 . 机织物 CAD 系统中的仿真技术［J］. 棉纺织技术，2003（6）：5–9.

［45］张爱军，钟君，丛洪莲 . 经编 CAD 技术的研究进展与应用现状［J］. 纺织导报，2016（7）：57–60.

［46］李欣欣 . 经编蕾丝结构与真实感仿真研究［D］. 无锡：江南大学，2018.

［47］邓中明，肖军 . 小提花织物 CAD 系统的开发［J］. 棉纺织技术，2000（1）：38–40.

［48］朱李丽，邓中民，李刚炎 . 三维服装 CAD 中人体建模综述［J］. 武汉纺织大学学报，2004，17（1）：19–21.

［49］朱李丽，邓中民，李刚炎 . 织物组织结构与其光照模型的计算机模拟［J］. 棉纺织技术，2005（1）：21–23.

［50］陈立亭，邓中民，严平，等 . 经编贾卡织物的一种仿真方法［J］. 武汉科技学院学报，2007，20（6）：10–13.

［51］马晴，蒋高明 . 多梳拉舍尔花边花型设计探讨［J］. 针织工业，2006（5）：4–7.

［52］蒋高明 . 压纱型多梳经编织物设计方法探讨［J］. 上海纺织科技，2004，32（5）：37–38.

［53］刘童花，邓中民，索盈，等 . 针织横编羊毛衫设计系统开发［J］. 武汉科技学院学报，2007，20（2）：20–23.

［54］奚达新 . 基于 Unity 3D 的机织物虚拟现实生成系统的设计与实现［D］. 无锡：江苏大学，2020.

［55］张素俭 . 机织物几何结构相在虚拟现实技术中的构建［J］. 棉纺织技术 . 2019（12）. 21–25.

［56］李华，邓中民 . 经编线圈数学模型的建立及仿真［J］. 纺织科技进展，2009（3）：5–7.

［57］王旭，孙妍妍 . 纬编针织物组织结构的三维建模方法研究［J］. 河南工程学院学报（自然科学版），2014（3）：6–10.

［58］田仙云，徐格宁 . 专业机械 CAD/CAE 系统软件开发研究［J］. 中国工程机械学报，2010（2）：234–237.

［59］吕珍，祝双武 . 基于 Matlab 的机织物结构相三维仿真［J］. 纺织科技进展，2015（2）：19–22.

[60] 吴周镜，宋晖，李柏岩，等．纬编针织物在计算机中的三维仿真 [J]．东华大学学报（自然科学版），2011（2）：210-214.

[61] 伍杰一，赵敏．织物组织对曲面机织物成型效果的影响 [J]．纺织科技进展，2014（2）：28-30.

[62] 王辉，方园，潘优华．纬编针织物线圈模型的分析与研究 [J]．浙江理工大学学报，2008（5）：521-525.

[63] 刘夙，龙海如．纬平针织物的计算机三维模拟 [J]．纺织学报，2007（12）：41-44.

[64] 张森林，姜位洪．织物计算机模拟设计的实现 [J]．纺织学报，2004（6）：81-84.

[65] 郑天勇，崔世忠．B 样条曲面技术构建单纱模型的改进 [J]．纺织学报，2007（9）：35-40，44.

[66] 李泽华．纺织品数码印花质量评价方法与追样技术研究 [D]．杭州：浙江理工大学，2017.

[67] 谷大鹏，杨育林，范兵利，等．平纹机织物空间参数化模型及仿真 [J]．纺织学报，2012（10）：37-42.

[68] 马楠．电脑横机编织参数对线圈长度影响的分析与研究 [D]．天津：天津工业大学，2011.

[69] 彭燕芳，武志云．纬编针织物三维仿真技术的研究现状与发展趋势 [J]．山东纺织科技，2014，55（1）：26-28.

[70] 吴周镜，宋晖，李柏岩，等．纬编针织物在计算机中的三维仿真 [J]．东华大学学报（自然科学版），2011（2）：210-214.

[71] 刘瑶，邓中民．羊毛衫组织的变形分析及三维仿真新方法 [J]．针织工业，2012（2）：21-23.

[72] 邓中民，张勇．纬编与经编织物线圈建模与仿真分析 [J]．成都纺织高等专科学校学报，2017（2）：37-41.

[73] 朱锦绣．纬编单面提花织物三维仿真研究 [D]．天津：天津工业大学，2015.

[74] 郭超．色纺织物的仿真设计系统 [D]．杭州：浙江理工大学，2015.

[75] 吴义伦，李忠健，潘如如，等．应用色纺纱图像的纬编针织物外观模拟 [J]．纺织学报，2019（6）：111-116.

[76] 张艳，贺克杰，李欣欣，等．多梳拉舍尔花边的多层次设计 [J]．纺织学报，2018（7）：44-49，62.

[77] 王春兰．多梳拉舍尔服装面料的结构与工艺设计 [D]．无锡：江南大学，2010.

[78] 陈晓东，缪旭红．多梳贾卡拉舍尔切边花边的边部工艺设计 [J]．上海纺织科技，2012（3）：19-22.

[79] 闫丽洁，吴志明．多梳拉舍尔蕾丝面料的特征及其在休闲男装中的设计应用 [J]．武汉纺织大学学报，2018（5）：44-48.

[80] 冯滨，邓中民，蔡从烈．多梳拉舍尔花边花型设计的艺术性探讨 [J]．武汉科技学院学报，2009（6）：38-40.

[81] 何甜，吴志明．多梳拉舍尔定位蕾丝面料的设计研究 [J]．服饰导刊．2015，（1）：29-33.

[82] 杨静芳．经编双针床毛绒织物 CAD 软件设计 [J]．南通纺织职业技术学院学报，2007，7（4）：17-20.

[83] 程茜，夏凤林，张燕婷，等．双针床经编单贾卡鞋材提花新工艺探讨 [J]．纺织导报，2019，（7）：29-32.

[84] 周志成，孙嘉良．双针床贾卡提花间隔织物工艺设计 [J]．针织工业，2011（4）：1-4.

[85] 蒋高明．互联网针织 CAD 原理与应用 [M]．北京：中国纺织出版社，2019.

［86］邓逸飞．基于针织 CAD 纬编线圈三维仿真技术研究［D］．武汉：武汉纺织大学，2018.

［87］高梓越，丛洪莲，蒋高明．基于互联网的针织 CAD 系统设计与开发［J］．纺织导报，2016（7）：46-47，50-52.

［88］姚晓林．智能针织 CAD 提花档案制作工艺［J］．针织工业，2018（3）：10-13.

［89］姚晓林，罗琴．基于智能化产业发展需求的针织 CAD 课程教学改革［J］．惠州学院学报，2019，39（6）：86-88.

［90］石艳红，李登高．针织 CAD 软件的应用与研究［J］．毛纺科技，2012（3）：23-25.

［91］刘茜．纺织 CAD 技术在纺织品设计教学中的应用［J］．时尚设计与工程，2017（2）：60-64.

［92］翁亮．虚拟现实技术在纺织 CAD 中的应用［D］．杭州：浙江大学，2008.

［93］周帮雄．纺织 CAD 应用手册：第 1 卷［M］．长春：吉林音像出版社，2004.

［94］李竹君．纺织 CAD/CAM 技术［M］．北京：中国劳动社会保障出版社，2010.

［95］冯秋玲．纺织 CAD 软件与《纺织 CAD》课程教学［J］．纺织教育，2008（1）：42-43.

［96］余晓红，吴敏著．织物组织结构与纹织 CAD 应用［M］．上海：东华大学出版社，2018.

［97］杜群．织物设计与 CAD 应用［M］．北京：中国纺织出版社，2016.

［98］蒋满．纺织计算机辅助设计（CAD）技术［J］．纺织导报，2000（2）：28-30.

［99］王凯．探析计算机技术在纺织行业中的应用［J］．纺织报告，2020（1）：26-27，30.

［100］董智佳．经编无缝服装的计算机辅助设计［D］．无锡：江南大学，2015.

［101］屈红民．织物组织及其上机图的计算机辅助设计［D］．苏州：苏州大学，2015.

［102］王薇，蒋高明，高梓越，等．纬编提花织物计算机辅助设计模型与算法［J］．纺织学报，2018（3）：161-166.

［103］王薇，蒋高明，丛洪莲，等．基于互联网的纬编针织物计算机辅助设计系统［J］．纺织学报，2017，38（8）：150-155.

［104］张萍．计算机辅助设计配色模纹织物［J］．纺织导报，2018（3）：46-48.